东北雅罗鱼池塘高效健康养殖技术

主　编　金广海

副主编　于　翔

海洋出版社

2021年·北京

图书在版编目（CIP）数据

东北雅罗鱼池塘高效健康养殖技术/金广海等主编. —北京：
海洋出版社，2021.12

ISBN 978-7-5210-0857-9

Ⅰ.①东… Ⅱ.①金… Ⅲ. ①雅罗鱼属－池塘养鱼 Ⅳ. ①S964.3

中国版本图书馆 CIP 数据核字（2021）第 234629 号

总 策 划：刘　斌

责任编辑：刘　斌

责任印制：安　淼

排　　版：海洋计算机图书输出中心　晓阳

出版发行：海洋出版社

地　　址：北京市海淀区大慧寺路 8 号

　　　　　（716 房间）

　　　　　100081

经　　销：新华书店

技术支持：(010) 62100055

发 行 部：(010) 62100090 (010) 62100072（邮购部）

　　　　　(010) 62100034（总编室）

网　　址：www.oceanpress.com.cn

承　印：中煤（北京）印务有限公司印刷

版　次：2021 年 12 月第 1 版

　　　　2021 年 12 月第 1 次印刷

开　本：787mm×1092mm　1/16

印　张：6.75

字　数：140 千字

印　数：1～5000 册

定　价：48.00 元

本书如有印、装质量问题可与发行部调换

前　言

我国改革开放以来渔业发展成绩辉煌,水产品产量从 1989 年起连续 32 年稳居世界首位,已成为世界第一水产养殖大国。作为大农业的重要组成部分,渔业已逐渐成为农业农村经济发展的突出亮点和重要增长点,为建设社会主义新农村,促进农村经济发展,增加农民收入做出了重要贡献。

随着我国经济的快速发展以及人们生活水平的提高,我国城乡居民的消费观念和消费结构发生了显著变化,人们对绿色优质水产品的消费需求日益增长。为了适应水产养殖业的快速发展,更好地满足城乡居民多层次、个性化的消费需求,以及广大渔民的致富要求,编者与同事根据多年来的科研工作和实践经验,编写了《东北雅罗鱼池塘高效健康养殖技术》这部书。

本书共分六章,比较全面地介绍了我国雅罗鱼主要养殖种类,并以养殖前景看好的东北雅罗鱼为例,系统地介绍了东北雅罗鱼的生物学特性、人工繁殖、苗种培育、成鱼养殖、鱼病防治及池塘安全越冬管理技术。本着让广大养殖业者能够看得懂,用得上,便于尽快掌握鱼类繁养系统操作技巧的宗旨,各章内容循序渐进,并结合实际选配了大量的图片,内容丰富,图文并茂,通俗易懂。在内容上力求科学性、实用性和可操作性,突出新成果与新技术。本书可供水产养殖单位、养殖户和水产科技工作者阅读参考。

　　本书在编写过程中，得到了许多单位领导和同行的热情帮助，特别是辽阳市鸿亿淡水鱼养殖场穆成波总经理、灯塔市良波渔场闻良波场长、东北鱼大大公司杨德艳总经理、玉蘭农业（沈阳）发展有限公司吴琼总经理、盘锦绕阳湾农业发展有限公司康福生总经理等多方惠助。本书的作者都是在该领域内有研究成就的研究员、教授级高级工程师和专家，由金广海拟定编写大纲和本书的框架设计，并独立完成了本书的初稿，于翔、刘义新、王雷、满静楠等专家、教授参与收集、筛选与整理部分文字资料以及图片拍摄、收集与处理等工作，最后由金广海统稿和审订。在此向所有提供图片以及在本书编撰过程中给予无私帮助的朋友们表示真诚的感谢！

　　由于本书涉及内容广泛，在编写过程中，引用和参考了许多教材、专著和科技文献。本书中的一些理论与方法，是通过对多种文献资料的重组或总结而得出的，在此向这些文献的作者和出版者致谢，衷心感谢原创者的辛勤劳动和创造性工作。

　　因编者水平有限，书中难免有不妥之处，也会存在疏漏和错误，诚恳地希望读者批评指正。

编　者
2021 年 10 月

目　　录

导　　言

一．雅罗鱼概况

1. "美丽高贵的星辰" ——雅罗鱼

雅罗鱼俗称滑子鱼，是我国北方地区名贵经济鱼类之一。该鱼肉质细嫩、味道鲜美、营养价值高，鱼肉中蛋氨酸和赖氨酸等人体必需氨基酸含量比一般鱼类分别高出 29% 和 34%，还含有丰富的不饱和脂肪酸（DHA）和维生素 A、维生素 D。现代研究证明，雅罗鱼体内含有一种多糖，有促进细胞发育和提高机体免疫力的功能，对代谢性疾病和身体虚弱有较好的疗效。我国很早就认识了雅罗鱼的营养和药用保健价值。据记载，清太祖努尔哈赤在统一女真族各部的战争中，率部来到黑龙江下游的鞑靼（是中国古代北方有多重含义的民族泛称，唐代指蒙古高原东边的塔塔尔部）地区，努尔哈赤和大部分士兵都感染了一种皮肤肿痒和肌体乏力的疾病，战斗力下降，在服用雅罗鱼汤后，此病很快消失，战斗力大增，清太祖努尔哈赤将此鱼命名为雅罗，寓意为美丽高贵的星辰。从此，雅罗鱼便成为宫廷中的高级食品之一，驰名古今中外。

2. 种属分类

通常所称的雅罗鱼即鲤形目鲤科雅罗鱼亚科的一属——雅罗鱼属。

雅罗鱼属，*Leuciscus*（Cuvier，1816），是脊索动物门、脊椎动物亚门、硬骨鱼纲、辐鳍鱼亚纲、鲤形目、鲤科、雅罗鱼亚科的一属，全世界的雅罗鱼属鱼类约有 20 余种，在我国雅罗鱼有 7 种，占世界 1/4 左右。

3. 雅罗鱼的分布特征

雅罗鱼广泛分布于欧洲、亚洲西部和北部以及美洲的冷温带平原地区的江河湖泊中。绝大多数种类为冷温性鱼，常有溯河产卵洄游现象。在分布区是具有重要经济价值的鱼类。在我国主要分布于黄河及以北水域。其主要种类的分布情况见表 0-1。

表 0-1　我国雅罗鱼属主要种类分布情况

种　　名	分　　布
瓦氏雅罗鱼（东北雅罗鱼） *Leuciscus waleckii*	分布于黑龙江、辽河、内蒙古岱海、滦河、黄河关中到兰州
图们雅罗鱼 *Leuciscus waleckii tumensis Mori*	仅分布于图们江干流及支流
高体雅罗鱼（圆腹雅罗鱼） *Leuciscus idus*	仅分布于新疆境内的额尔齐斯河干流
滩头雅罗鱼（勃氏雅罗鱼） *Leuciscus brandti*（Dybowski）	分布于图们江及绥芬河
珠星雅罗鱼 *Leuciscus hakonensis Gunther*	仅分布于图们江及绥芬河
准噶尔雅罗鱼（新疆雅罗鱼） *Leuciscus merzbacheri*	为我国新疆准噶尔盆地特产鱼类
贝加尔雅罗鱼 *Leuciscus baicalensis*	仅分布于额尔齐斯河和乌伦古河水系

4. 雅罗鱼形态特征

雅罗鱼是我国北方地区的名贵经济鱼类，个体最重仅达 4 千克；体侧扁，较高，腹部圆，无腹棱，背部微隆起，体高大于头长，头较短；口端位或稍下位，上下颌无角质边缘；无须；眼较大；有两行下咽齿，内行呈柱状，外行侧扁，末端微弯曲，呈钩状；腮耙短小，排列稀疏，侧线完全。鳞中等或较小。背鳍始于腹鳍始点的稍后上方，臀鳍条基部约与背鳍基等长，各鳍均无硬刺。目前在我国养殖技术成熟且经济价值较高的品种及其形态特征见表 0-2。

表 0-2　我国雅罗鱼主要养殖种类及其形态特征

种　名	形　态
东北雅罗鱼（又名瓦氏雅罗鱼） 地方名：通常称阳浮子、沙包子、滑子鱼 体长形而侧扁，背缘略呈弧形，腹部圆；口端位，口裂倾斜，上下颌等长；鳃盖膜在前鳃盖骨后缘稍前下方与峡部相连；体背青灰色，腹侧色浅，背鳍、尾鳍浅灰色；尾鳍边缘灰黑色，胸鳍、腹鳍、臀鳍浅色	
高体雅罗鱼（又名圆腹雅罗鱼） 地方名：新疆称其为中白鱼 体长而侧扁，腹圆，眼、鳞均较大，尾端尖。体光滑，体背部呈灰黑色，鳞周缘黑色，腹部白色，胸鳍、腹鳍及臀鳍浅黄色。常见个体体长 23.5~36 厘米，体重 288~948 克，最大个体可达 60 厘米，重 4 千克左右	

种　　名	形　　态
滩头雅罗鱼（又名勃氏雅罗鱼） 地方名：大红线，滩头鱼，金滩头，银滩头 体长形而稍侧扁，背部褐黄色，腹部白，头尖吻长，口亚下位，圆鳞，尾鳍分叉型，两叶末端尖，在体侧侧线下，鼻孔下方，向后到尾鳍基部有一条橘红色纵带，背鳍基部、尾鳍基部、胸鳍、腹鳍、臀鳍呈橘红色	
珠星雅罗鱼 地方名：吉林称其为冬狗子、黄盖。 体长而稍侧扁，腹部圆。头长而尖，似圆锥状，略呈扁圆锥形。腹膜为灰黑色。背部苍黑色，腹部白色，腹鳍起点位于背鳍起点之前，尾鳍分叉型，末端尖	

5. 生活习性

雅罗鱼是一种生活在水流较缓、水质清新的江河、湖泊中的上中层鱼类，主要食物为水生昆虫、软体动物和大型浮游动物，其次为水生维管束植物、藻类、小鱼、虾等；幼鱼时期的食物主要是浮游动物。成鱼以底栖水生昆虫或底栖无脊椎动物为主食，有时也吃小鱼、陆生昆虫或藻类。雅罗鱼适应性较强，在海水、咸水、淡水、纯淡水和 pH 值为 9 以上的碱性水中均能生活。

6. 经济价值

雅罗鱼具有多种特殊营养功能，不仅是筵席上的美味菜肴，还是良好的滋补保健食品，深受消费者的青睐。同时，雅罗鱼也是我国传统的出口创汇产品，在国际市场上供不应求，主要销往欧盟，美国、日本等发达的国家和地区。因此，雅罗鱼养殖具有很高的经济效益。

7. 养殖育种

雅罗鱼的生活适应性虽然很强，但野生捕捞后极易死亡，因而养殖技术难度较大，我国水产科技工作者从 20 世纪 70 年代就开展了雅罗鱼的人工驯化养殖，经过近 50 年的实践探索，现已成功地掌握了雅罗鱼的人工养殖技术。目前，养殖技术成熟且经济价值较高的品种见表 0-3。

表 0-3　我国雅罗鱼主要养殖种类

种　　名	主要养殖区	生产状态
瓦氏雅罗鱼（东北雅罗鱼）	东北、华北地区	繁殖、养殖
高体雅罗鱼（圆腹雅罗鱼）	西北、华北、东北地区	繁殖、养殖
滩头雅罗鱼（勃氏雅罗鱼）	东北地区	繁殖、养殖
珠星雅罗鱼（珠星三块鱼）	东北地区	繁殖、养殖

二、水产常见名词与术语

1. 生产上常用的鱼苗、鱼种生长期的划分

（1）鱼苗。

鱼苗是指鱼类受精卵正常发育孵化脱膜后生长到体长 2 厘米这段时期的鱼体。

（2）夏花鱼种。

当鱼苗长到全长 3 厘米左右时，称为夏花鱼种。

（3）一龄鱼种。

当夏花鱼种培育到当年 12 月底出池时称为一龄鱼种。

（4）二龄鱼种。

培育到第二年冬季出池时，称为二龄鱼种。

一般把从鱼苗入池起培育到二龄鱼种这段生产过程统称为鱼苗鱼种培育。其间又可划分为鱼苗培育和鱼种培育两个阶段。鱼类在这个时期处于生命的早期，具有许多不同于成鱼的生物学特点，所以在这个生产过程中需要采取特殊和细致的技术措施，使鱼苗、鱼种的成活率和规格尽量提高，为成鱼饲养生产打好物质基础。同时，鱼苗、鱼种培育也是养殖生产过程中周期短、经济效益较高的阶段。

2. 根据我国传统习惯，生产上常用的鱼苗、鱼种生长期的划分

（1）水花。

刚孵出 3~4 天，鳔已充气，能水平游动，可以下塘饲养的仔鱼。

（2）乌子。

鱼苗下塘后经过 10~15 天的培育，全长约 2 厘米时的仔鱼。

（3）夏花。

乌子再经过 5～10 天的培育，养成全长 3 厘米左右时的稚鱼，也称火片或寸片。

（4）秋片。

夏花经过 3～5 个月的培育，养成全长 10～17 厘米的鱼种，由于是在秋天出塘，故称秋片。

（5）春片。

秋片越冬后出塘称为春片。

3. 鱼卵的生态类型

（1）浮性卵。

指卵膜无黏性，静水中漂浮于水面的卵。淡水鱼类如鳜、乌鳢产浮性卵。

（2）半浮性卵。

指在静水中下沉到底部，在江河水流中则悬浮在水层中不断漂流的卵。这类卵产出后即吸水膨胀，出现较大的卵黄周隙，但比重仍稍大于水。鲤科中草、青、鲢和鳙等种类产此类型卵。

（3）沉性卵。

指卵的比重大于水，产出后沉于水底的卵。

（4）黏性卵。

这类鱼卵的比重大于水，卵膜外层具有黏性物，产出后能黏附在水草、石砾和鱼巢等物体上，而不沉入水底。鲤、鲫、团头鲂、雅罗鱼和鲶鱼等鱼产此类型卵。

4. "四定" 投饵

"四定" 投饵指按固定的位置、时间、数量和质量进行投饲的规定。

（1）定时。

投饵必须定时进行，以养成鱼类按时摄食的习惯，提高饵料的利用率；同时选择水温较适宜、溶氧量较高的时间投饵，可以提高鱼的摄食量，有利于鱼类生长。正常天气，一般在上午 8~11 时和下午 1~4 时投饵各 1 次，这时水温和溶氧量升高，鱼类食欲旺盛。在初春和秋末冬初水温较低时，一般在中午投饵 1 次。夏季如水温过高，下午投饵的时间应适当推迟。

（2）定位。

投饵要有固定的位置，使鱼类集中在一定的地点摄食。这样不但可以减少饵料的浪费，而且便于检查鱼类的摄食情况、清除剩饵和进行食场消毒，保证池鱼摄食卫生，在发病季节还便于进行鱼体药物消毒，防治鱼病。

（3）定质。

投喂的饵料必须新鲜，不腐烂变质，防止引起鱼病。投喂的颗粒配合饲料，饵料的适口性要好，适于不同种类和不同大小的鱼类摄食。

（4）定量。

每日投饵要有一定的数量，要求做到适量和均匀，防止过多过少或忽多忽少，以提高鱼类对饵料的消化率，促进生长，减少疾病，降低饵料系数（每生长 0.5 千克鱼所消耗的饵料量）。适量投饵是投饵技术中最重要的因素。投饵过少，饵料的营养成分只能用于维持生命活动的需要，用于生长的部分很少，这样不但会提高饵料系数，而且影响鱼体的生长。投饵过多，鱼类摄食过饱，会降低饵料的消化率，而且容易引起鱼病发生，降低成活率和成长度。过多的饵料鱼吃不下，不但造成饵料的浪费，还会败坏水质。每日的投饵量要按照各种具体条件，如水温高低、天气状况、水质肥瘦和鱼类的摄食情况等灵活掌握。如水温过高或较低，则投饵量须减少；天气晴朗可多投饵；天气不正常，气压低、闷热，雷阵雨前后或大雨时，应少投或暂停投饵；天气长期炎热忽然转凉，或长期凉爽忽然转热，均须注意控制投饵量；及时检查鱼类的摄食情况，是掌握下次投饵量的最重要方法，如投饵后鱼很快吃完，应当增加投饵量，如较长时间吃不完，剩饵较多，则要减少投饵量。

5. 健康养殖

采用投放健康苗种、投喂质量安全的全价饲料及人为控制养殖环境条件等技术措施，使养殖生物保持最适宜生长和发育的状态，是提高养殖效益和产品质量的养殖方式。

6. 追星与珠星

指鱼类生殖季节，性成熟亲鱼的胸鳍、臀鳍、头部或尾柄出现的圆形颗粒状的角质突起。

7. 饵料系数

指生产单位水产品所需的饲料数量。

8. 泛塘

指水中严重缺氧引起水生动物窒息死亡的现象。

9. 孵化率

孵出的幼体数占受精卵总数的百分比。

10. 静水孵化

指受精卵在孵化池或网箱等静止水体或容器中进行孵化的方法。

11. 流水孵化

指受精卵在流水中进行孵化的方法。

第一章　东北雅罗鱼的生物学特性

第一节　形态特征

东北雅罗鱼又名瓦氏雅罗鱼（图 1-1），其别名为雅罗马、沙包子或滑子鱼，英文名为 Amuride。

图 1-1　东北雅罗鱼

东北雅罗鱼的形态特征如下：

1. 可数性状

背鳍 iii-6-7；臀鳍 iii-8-10；胸鳍 i-13-18；腹鳍 iii-8-10；侧线鳞 45～57；背鳍前鳞 21～28；鳃耙 8～12；下咽齿 2 行；脊椎骨 45～46。

2. 可量性状

体长为体高的 3.4~4.4 倍，为头长的 3.6~4.8 倍，为尾柄长的 4.8~7.6 倍，为尾柄高的 7.8~10.6 倍。头长为吻长的 2.8~5.5 倍，为眼径的 3.6~5.3 倍，为眼间距的 2.1~3.1 倍。尾柄长为尾柄高的 1.1~1.8 倍。

3. 形态性状

（1）体长形，侧扁，背缘略呈弧形，腹部圆。

（2）口前位，口裂斜，上下颌等长，口裂后缘在鼻孔后缘之下，唇薄，无角质缘。

（3）眼位头侧正中，鳃盖膜在前鳃盖骨后缘稍前下方与峡部相连。

（4）鳞中大，胸腹部鳞片较体侧小；侧线前部呈弧形。后部平直，伸至尾柄中轴偏下。

（5）背鳍位于腹鳍的上方，起点至尾鳍基的距离较至吻端为近；臀鳍位于背鳍的后下方，起点距腹鳍基较距尾鳍基为近；胸鳍末端可达胸腹鳍距中点之后；腹鳍起点位于背鳍起点之前下方；尾鳍分叉形，两叶末端尖。

（6）鳃耙短，排列稀，咽齿侧扁，末端钩状；鳔两室，后室长圆粗大，为前室长的 2 倍左右，腹膜灰黑色，具小黑点。

（7）体背青灰色，腹侧色浅，体侧鳞片后缘灰黑色，背鳍、尾鳍浅灰色，尾鳍边缘灰黑色，胸鳍、腹鳍、臀鳍浅色。

第二节 生物学特性

一、生活习性

（1）喜凉耐寒、适应盐碱化水域的中小型鱼类。

（2）食性广杂，繁殖力高，产卵集群，有"顶着冰凌逆流产卵"的习性，产卵后亲体退入深水区觅食。

（3）有明显的洄游规律，江河刚开始解冻即成群地上游，上溯进行产卵洄游，然后进入湖岸河边育肥，冬季进入深水处越冬。

（4）喜集群活动，夏季每当傍晚时浮于水的上层，使水面似雨点状。

二、摄食习性

东北雅罗鱼是典型的杂食性鱼类，在天然水域主要以藻类、植屑和枝角类、桡足类为主食，偶尔也食小型鱼类。在人工养殖条件下，鱼苗阶段主要摄食浮游动物，也食人工配合饲料开口料（粉状），成鱼阶段可食人工配合饲料（颗粒状），产卵期停食，夏季摄食旺盛。

三、繁殖习性

1. 雌雄鉴别

在生殖季节，雄鱼全身披一层角质膜，雄鱼头部、鳃盖、胸鳍和鳞片上有白色颗粒状追星出现（图 1-2），轻压腹部能挤出乳白色精液，体表粗糙，生殖季节过后追星自然消失。雌鱼体表光滑，腹部膨大，卵巢轮廓明显，压感松软，若用挖卵器取卵检查，卵粒大小均匀、饱满，容易分开（图 1-3），这就是已达性成熟的标志，可以进行人工催产。雌雄鱼头部生殖季节对比见图 1-4。

图 1-2　雄鱼头部颗粒状追星

图 1-3　雌鱼成熟性腺

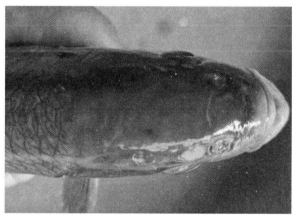

图 1-4　雌雄鱼头部生殖季节对比

2. 繁殖与发育

（1）性腺发育。

　　一般 3～4 龄、体长 13～15.5 厘米、体重 30～80 克时性成熟。在人工养殖条件下，2 冬龄性成熟，成熟的卵为黄色（图 1-3），平均卵径为 2.2 毫米，平均怀卵量为 10 232 粒，每克体重相对怀卵量为 85.5～120.8 粒，平均为 98.5 粒。

（2）繁殖。

东北雅罗鱼的繁殖期在 3 月底至 4 月上旬，产卵水温为 6～13℃，产卵时集群向湖泊、水库上游覆冰刚融化的河道里溯游，受精卵为黏性，黏附于砂石和植物体上发育，在水温 14℃条件下，受精卵经过 11～14 天（3700～3800 小时的摄氏度积温）孵出仔鱼。

第二章 东北雅罗鱼的人工繁殖

第一节 亲鱼的来源与选择

一、亲鱼来源

亲鱼以池塘饲养的为好（图2-1），若池塘养的亲鱼不足，可以在江河、水库等水体中选留性成熟或接近性成熟的个体，但在繁殖季节以前，要在池塘中放养培育一段时间，使其适应池塘环境，再催产效果较好。为了防止近亲繁殖带来的不良影响，最好在不同来源的群体中对雌雄亲鱼分别进行选留。

图 2-1　东北雅罗鱼亲鱼

二、亲鱼选择

雌鱼选择 3 龄以上，体重 150 ~ 250 克（图 2-2）；雄鱼 2 ~ 3 龄，体重 150 ~ 200 克（图 2-3）。选留亲鱼的雌雄搭配比例一般应在 2 ~ 3 : 1，即雌鱼略多于雄鱼。

图 2-2　东北雅罗鱼雌性亲鱼

图 2-3　东北雅罗鱼雄性亲鱼

第二节　产前准备

亲鱼性腺发育成熟后，如不及时进行催产，就会出现产出的卵子受精率和孵化率低的情况，以致影响到整个苗种的生产计划。因此，为了不失时机地进行催产工作，在催产前必须充分做好各项准备工作。

一、工具

常用的催产工具主要有：注射器、5 号或 6 号针头（鱼类专用）、解剖剪、镊子、温度计、玻璃研钵、量杯、生理盐水、毛巾、秤、天平、供装鱼和鱼卵用的盆、桶、网箱、鱼网、抄海（也称操捞）、供受精卵黏附的鱼巢等（图 2-4）。

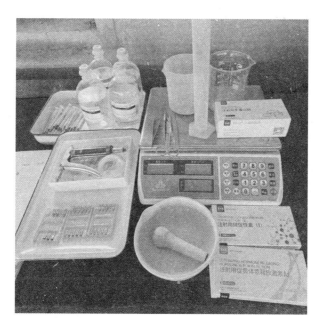

图 2-4　催产工具

二、暂养池与产卵池

指注射催产药物后亲鱼自然产卵的产卵池或人工授精的暂养池，要在催产前 2~3 天清理消毒并注入清新富氧水，备好覆盖池子的网片，防止亲鱼跳出。暂养池和产卵池的多少（大小）根据生产规模而定。

三、孵化设备的检修与消毒

对上下水线、充氧设备等进行检修，对授精卵孵化用的孵化桶、脱黏设备进行消毒后备用。

四、催产药物

正确选择并购置好足量的催产激素。

五、注水

做好蓄水池的清理、孵化用水的准备及暂养池的注水工作（图 2-5）。

图 2-5　亲鱼暂养池

六、检查亲鱼

定期检查亲鱼的成熟情况，及时进行人工催产（图 2-6）。

图 2-6　技术人员检查亲鱼

第三节　人工催产

一、催产时间

3 月下旬，水温稳定到 6℃以上，亲鱼性腺发育成熟，即可催产。

二、催产药物与剂量

1. 催产药物

催产药物采用绒毛膜促性腺激素（HCG）、促黄体素释放激素类似物 2

号（LHRH-A$_2$）和马来酸地欧酮（DOM）组合。

2. 剂量

剂量为 HCG 1500～2000 国际单位/升、LHRH-A$_2$ 8～12 微克/千克、DOG 8～12 毫克/千克，雌鱼每尾注射药液剂量为 1～1.5 毫升，雄鱼减半。

三、注射方法

注射方法有背部肌肉注射和腹腔注射两种。

1. 背部肌肉注射

背部肌肉注射的部位为侧线和背鳍之间的肌肉，先用针头挑起鳞片至皮下，与鱼体表呈 40°角，刺入鱼体肌肉内（图 2-7），并缓缓注入药液。一般每尾鱼注射液用量为 0.5～1 毫升，否则会从针口溢出药液，造成浪费，而且影响药效。

图 2-7　背部肌肉注射

2. 腹腔注射

操作时，先将亲鱼胸鳍张开，将注射针头朝背鳍前段方向，与鱼体表呈 45°角，刺入胸鳍的内侧基部凹陷无鳞处（图 2-8），并迅速注入药液，应避免针头朝吻端刺入鳃腔内，也应避免朝下误刺心脏。这种方法注射速度快，药容量大，是一种最常用的方法。

图 2-8　胸鳍基部注射

3. 生产常用注射方法

一般生产中，东北雅罗鱼多采用两次背部肌肉注射。就是雌鱼的催产药物要分两次注射，第一次注射为全剂量的 20%～30%，8～12 小时后，注射剩余剂量。而雄鱼则在雌鱼第二次注射时一次性注射完全部剂量。

4. 注射器

注射器采用 1～2.5 毫升医用注射器（图 2-9）或连续注射器（图 2-10）均可，连续注射器适合规模化繁殖催产使用。

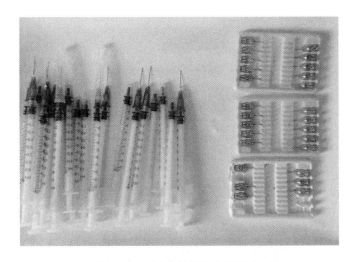

图 2-9　医用注射器与专用针头

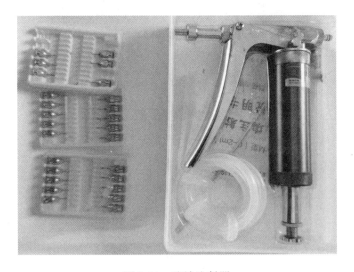

图 2-10　连续注射器

5. 注射注意事项

无论背部肌肉注射还是腹腔注射，都应根据鱼体的大小，掌握针头刺入鱼体的深度，避免过深，伤及内脏和骨骼；也应避免过浅，药液反流体外。一般采用鱼类专用注射针头 6~7 号，腹腔注射入针深度为 0.3~0.4 厘米，背部肌肉注射入针深度为 0.5~0.6 厘米。

四、催产程序

1. 亲鱼称重

称量所有待催产亲鱼的总重量并记录（图 2-11）。

图 2-11　亲鱼称重

2. 计算催产剂用量

根据东北雅罗鱼亲鱼的总重量计算催产剂的用量（图 2-12）。

图 2-12　计算催产剂用量

3. 配制催产溶液

根据催产剂的用量计数并量取一定体积的 0.7%～0.9% 的生理盐水，稀释催产剂，配成催产溶液（图 2-13）。

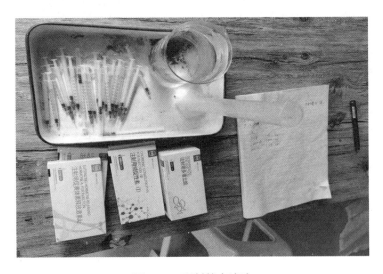

图 2-13　配制催产溶液

4. 捕捞待催产亲鱼

捕捞待催产亲鱼，雌雄鱼分开并集中起来（雌雄鱼配比为 2~3 : 1），以备催产。

5. 亲鱼注射

使用连续注射器，吸取上述配制好的催产溶液，分别对雌雄鱼亲鱼进行背部肌肉注射。一般可根据雌鱼亲鱼成熟度，进行一次注射或二次注射，二次注射第一针注射总剂量的 1/3，第二针注射总剂量的 2/3，针距为 6~8 小时，注射总剂量为每尾鱼 1 毫升；雄鱼亲鱼根据成熟度注射为雌鱼亲鱼剂量的 1/2，注射部位为背部肌肉呈 45° 角注射。

6. 催产亲鱼暂养

注射催产溶液之后将雌雄亲鱼放回各自的暂养池，以待亲鱼发情进行人工授精。

第四节 人工授精

鱼类人工授精的方法有干法、半干法和湿法三种。

一、干法人工授精

干法人工授精首先将发情至高潮或到了预期发情产卵时间的亲鱼捕起，用毛巾分别擦去雌雄鱼体表上的水，随后用手柔和地挤压腹部（先后部，后前部），把鱼卵挤于盆中（千万不要带进水），然后将精液挤于鱼卵上，用羽毛或手均匀搅动 1 分钟左右，再加少量清水搅拌，使精子和卵子充分结合，然后倒去浑浊水，再用清水洗卵 2～3 次，最后用黄泥浆或滑子粉溶液脱黏孵化，或撒入鱼巢孵化。

二、半干法人工授精

半干法人工授精与干法人工授精的不同点在于，将雄鱼精液挤入或用吸管由生殖孔处吸取加入盛有适量精子激活液的烧杯或小碗中稀释，然后将其倒入盛有鱼卵的盆中搅拌均匀，最后加清水再搅拌 2～3 分钟使鱼卵受精。

三、湿法人工授精

湿法人工授精是将鱼卵与精液同时挤入盛有清水的盆内，边挤边搅拌，使鱼卵受精。该法不适合黏性卵，特别是黏性强的鱼卵不宜采用此方法。

四、生产中常用方法

生产中多采用干法和半干法进行人工授精。

五、人工授精过程

1. 人工授精前准备

（1）制作人工鱼巢。

先将 8 号铁丝做成 30 厘米×40 厘米的铁丝框，再用清水洗净棕榈皮表面上的污泥杂物，然后放进大锅蒸或煮 1 小时左右，晒干后备用。在制作时，先用小锤轻轻地将棕榈皮锤打片刻，然后多扯动几次，让它充分松软，目的是增加卵的附着面积，最后将棕榈片缝到铁丝框上做成鱼巢（图 2-14）。

图 2-14　人工鱼巢

（2）鱼巢消毒。

使用前将其彻底洗净后，在 0.3% 的甲醛溶液中浸泡 20 分钟或用 2% 浓度的食盐水浸泡 20~40 分钟，也可用高锰酸钾，每立方米水体 20 克药化水浸泡 20 分钟左右，取出后，晒干待用。

（3）鱼巢注意事项。

用棕榈皮制成的鱼巢，只要妥善保管，可使用多年。第二年再用时，仅需要洗净、晒干即可，在当年使用结束后要及时用清水洗净，不要留下鱼腥味，以防止蚂蚁和老鼠破坏。

（4）脱黏设备。

对脱黏设备进行洗刷消毒（图 2-15）。

图 2-15　脱黏设备

（5）配制脱黏液。

将准备好的黄泥土和成稀泥浆水，或将 100 克滑石粉（即硅酸镁）加 20～25 克食盐放入 10 升水中，搅拌成混合悬浮液（图 2-16）。

图 2-16　配制滑石粉脱黏液

2. 亲鱼监测

不同水温条件下，东北雅罗鱼效应时间不同，一般水温为 6 ~ 8℃时，效应时间为 36 ~ 40 小时；水温为 10 ~ 12℃时，效应时间为 25 ~ 30 小时。到达预计效应时间后，每隔 1 ~ 2 小时检查一次亲鱼。检查时，轻轻挤压雌鱼腹部，发现卵粒能顺畅流出时，即可采卵授精。

3. 授精

（1）将轻压腹部后卵粒能顺畅流出的亲鱼，集中到暂养箱内（图 2-17）。

图 2-17 亲鱼暂养箱

（2）一人从暂养箱内捞出亲鱼，另一人用手握住鱼体并用干毛巾将鱼腹部擦干，随后用手柔和地挤压亲鱼腹部，将鱼卵挤入擦干的脸盆中（图 2-18 和图 2-19）。用同样的方法立即向脸盆内挤入雄鱼精液，用手或羽毛轻轻地搅拌 1 ~ 2 分钟，使精和卵充分混合。然后徐徐加入清水，再轻轻地搅拌 1 ~ 2 分钟，静置 1 分钟左右，倒去污水，将受精卵均匀地倒入预先置于暂养箱中的鱼巢上，静置 3 分钟左右，待黏牢后，将鱼巢放入孵化池中孵化；或将受精卵倒入搅拌好的黄泥浆或滑石粉悬浮液的脱黏桶中，脱黏后移入孵化桶中孵化。

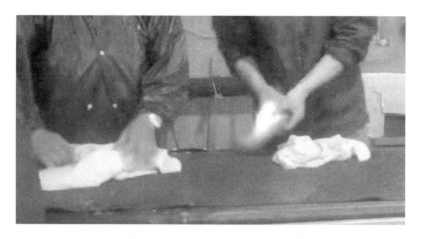

图 2-18　用干毛巾将鱼腹部擦干

图 2-19　将鱼卵挤入擦干的脸盆中

第五节　孵化

一、孵化设施

（1）孵化缸（孵化桶）。

水深 0.8~1 米，容积 1~1.5 立方米（图 2-20）。

图 2-20　孵化缸

（2）孵化槽。

孵化槽是一种长方形的孵化工具，体积依据孵化的规模进行设计。孵化槽可以用砖石砌成，也可以用玻璃钢做成，建在室内或室外均可。一般以长 3~5 米，宽 1~1.2 米，水深 0.8~1 米为宜（图 2-21）。

图 2-21　孵化槽

二、脱黏

东北雅罗鱼人工孵化的关键技术是对受精卵进行脱黏处理。将人工授精获得的东北雅罗鱼受精卵，经过脱黏处理后在孵化缸、孵化桶中进行流水孵化，孵化效果较好。生产中一般采用黄泥或滑石粉进行受精卵脱黏。

1. 黄泥脱黏

用黄泥与水搅拌成浓稠的黄泥浆，用 40～60 目的筛绢过滤，除去砂粒等杂物，把滤出液稀释成米汤状的泥浆水，存放在盆中备用。人工授精获卵后，一人用手在泥浆水盆中不停地搅拌泥浆，另一人将鱼卵徐徐倒入有泥浆水的盆中，继续搅拌 2～3 分钟，黏性便自行消失。再将带有鱼卵的泥浆水一起倒入 40 目的网箱中，洗去泥浆和沾在受精卵上的污泥，便可获得一粒粒干净晶亮的受精卵，然后放入孵化缸和孵化桶中进行流水孵化。

2. 滑石粉脱黏

用滑石粉与水搅拌成浓稠的悬浮液，存放在盆中备用。人工授精获卵后，一人用手在盛有滑石粉悬浮液的水盆中不停地搅拌，另一人将卵徐徐倒入盆中，继续搅拌 2～4 分钟，黏性便自行消失。再将带有鱼卵的悬浮液一起倒入 40 目的网箱中，洗去沾在受精卵上的悬浮物，便可获得一粒粒干净晶亮的受精卵，然后放入孵化缸和孵化桶中进行流水孵化（图 2-22）。

图 2-22　滑石粉脱黏

三、孵化方法

脱黏处理后的鱼卵或带卵的鱼巢可进行流水及流水与静水相结合的方式孵化。在东北雅罗鱼规模化生产中一般采用流水孵化，没有孵化缸或孵化桶的也可采用流水与静水相结合的孵化方式。

1. 流水孵化

流水孵化即采用孵化缸或孵化桶进行受精卵孵化，每立方米放鱼卵 80 万～100 万粒，流速以见卵轻翻为宜，待鱼苗孵出后适当调大流速（图 2-23）。

图 2-23　流水孵化

2. 流水与静水相结合的孵化方式

一般将沾有受精卵的鱼巢悬挂在孵化槽的水体中，进行流水与静水相结合的方式孵化。出膜前 8～10 小时要进行一次消毒，以防止水霉病产生，在孵化过程中采用增氧泵增氧，孵化槽每天换水一次，边排边进，保持水质良好，无污染物，溶氧在 6 毫克/升以上，待鱼苗出膜、仔鱼能自由游动后，必须及时将鱼巢从孵化池中取出，以免鱼巢上的有机物质腐烂变质影响水质（图 2-24 和图 2-25）。

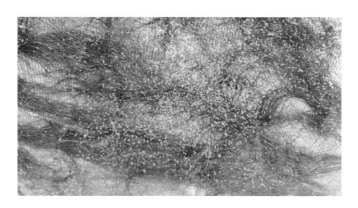

图 2-24　人工布卵后的鱼巢

图 2-25 孵化巢孵化

四、孵化水温

孵化期间水温变化直接影响孵化的进程，整个孵化阶段如果水温稳定在 12～14℃时，历经 120～150 小时即可孵出鱼苗。

五、适时出苗

鱼苗破膜 3～4 天后，腰点明显出现，鳍已形成，能正常平游和觅食时即可出苗下塘，若过早投放，游泳能力差，体质弱，入塘后易下沉，影响成活率。

第三章 东北雅罗鱼苗种培育

东北雅罗鱼苗种培育分为两个阶段：第一阶段称为鱼苗培育阶段，从水花开口，经过 20 天左右的培育，体长达到 3 厘米左右的稚鱼（俗称寸片、夏花）。这个阶段鱼苗体小幼嫩，口裂小，对外界环境条件的变化及敌害生物的侵袭都没有抗逆能力，极易死亡，因此，本阶段是东北雅罗鱼养殖成败的关键。第二阶段称为鱼种培育阶段，从夏花培育成 10 厘米以上的鱼种（俗称秋片）。

第一节 夏花苗种培育

一、池塘条件

进行鱼苗培育的池塘面积以 5～10 亩（1 亩约为 667 平方米）为宜，最好经过越冬冰冻或日晒，池底淤泥厚度不超过 30 厘米，池底平坦，不渗漏。

二、清塘消毒

1. 清塘消毒药物

清塘消毒药物常用生石灰，也可以用漂白粉。

2. 清塘消毒方法

有干法清塘和带水清塘两种方法。

（1）生石灰干法清塘。

施用时在池底挖若干个浅坑，浅坑的数量和距离最好以能将生石灰浆泼洒至全池为度，将生石灰施放于浅坑内，等吸水散开后搅匀，趁热泼洒全池。隔天用耙或者其他工具将融化后的生石灰与底泥耙均匀，使生石灰与底泥充分混合，混合后充分发挥生石灰清塘消毒、灭杀野杂鱼以及其他水生生物等作用（图 3-1）。

图 3-1　生石灰干法清塘

（2）生石灰带水清塘。

每亩水深 1 米用生石灰 150～200 千克，通常将生石灰放于铁桶内加水化开后全池泼洒。也可放入其他不易融化、耐高温的容器中用水融化，待生石灰融化后趁热全塘均匀泼洒。

（3）漂白粉干塘清塘。

每亩用漂白粉 4～5 千克，将漂白粉放入木桶或者瓷盆内，加水溶解稀释后，全池均匀泼洒。

（4）漂白粉带水清塘。

用量为每立方米水体 20 克，漂白粉融化后立即全池泼洒。

3. 清塘注意事项

（1）生石灰要选择新鲜的、含杂质少的、不受潮的，这样的生石灰消毒效果好。干法清塘时化浆泼洒后要深翻底泥与生石灰浆，将其混合均匀。在养殖过程中泼洒时化浆要随配随用，趁热泼洒，要滤出渣子，以免被养殖品种误食中毒，切记避免把整块的生石灰抛入池塘中。

（2）泼洒的时间要选择在晴天的下午 15 时以后，避免在晴天的上午（水温不稳定）、中午（水温高）以及在阴天、天气剧烈变化时泼洒，以免引起水质突变，导致鱼类应激反应后死亡，造成不必要的损失。

（3）泼洒生石灰适用于多年精养的池塘，其淤泥层厚，底质有机物多、致病菌多，用生石灰可以改善池底的疏松通气性及促进有机物的分解、杀灭致病菌。新挖的、没有淤泥或淤泥层浅，水质 pH 值大于 8，水色过淡、水质清瘦、浮游生物少或水中磷元素含量少、氨含量高的池塘，就不适宜泼洒生石灰浆。

（4）生石灰遇水生成氢氧化钙［$Ca(OH)_2$］，其呈碱性，不能与二氧化氯、强氯精等含氯制剂混用，含氯制剂在水中分解呈酸性，与 $Ca(OH)_2$ 碱性中和，会降低药效。生石灰也不能与敌百虫、硫酸铜、有机络合物药物及氮肥和磷肥同用，易产生拮抗作用：与敌百虫混用易生成毒性较大的敌敌畏，造成鱼类中毒；与硫酸铜混用，易造成铜元素流失，减少杀虫药效；与有机络合物混用，易生成络合沉淀物；与氮肥混用，水中易生成过量氨，易使鱼类中毒；与磷肥混用，易生成磷酸钙沉淀，造成磷肥损失。以上药物及肥料应在生石灰作用消失后使用，或至少过 10 天左右才能放鱼。

三、注水施肥

1. 注水

池塘消毒后，在鱼苗下塘前 10 天左右注水，注水时严防敌害生物和野杂鱼进入池中。开始注水深度为 0.6～0.8 米，随着鱼体长大，陆续加水至1.5～2 米。

2. 施肥

将动物粪便充分腐熟发酵，在鱼苗下塘前一周，将粪便堆于池塘一角，任其自然扩散，或稀释成水液，滤去粪渣，全池泼洒。每亩施基肥量为 400～

500 千克，鱼苗下塘后，每日每亩用量为 40~50 千克。用时也要滤去粪渣，加水稀释，全池泼洒。保持池水透明度为 30~40 厘米，施肥后 5~7 天，当浮游动物达到高峰时即可放鱼。

3. 施肥后注意事项

（1）如果在清塘后 7~8 天轮虫尚未达到高峰时，小型枝角类便零星出现，或施肥较早，轮虫已达到高峰而鱼苗尚未下塘，可用 90% 的晶体敌百虫 $0.2 \times 10^{-6} \sim 0.4 \times 10^{-6}$（$1 \times 10^{-6}$ 表示数值，即为百万分之一）杀灭。施用敌百虫不仅可防止大量枝角类发生，而且能延长轮虫高峰期。当浮游植物大量繁殖、绿藻过多时，鱼苗易患气泡病，应在池塘加注新水后再下塘。

（2）在整个鱼苗培育期，施肥量应根据水质肥瘦、鱼苗生长活动情况及天气情况灵活增减。特别在培育后期，鱼苗食性开始分化，施肥量要根据鱼类各自的摄食特性进行适当调整，来满足池鱼的需要。

四、苗种放养

1. 苗种来源

从国家或省级原（良）种场购入或自育。外购苗种应取得有关部门检验检疫合格证。

2. 苗种质量

苗种规格整齐，体质健壮（图 3-2），游动活泼为健壮水花鱼苗；若大小不匀，瘦弱无力，游动迟缓为弱质水花鱼苗。

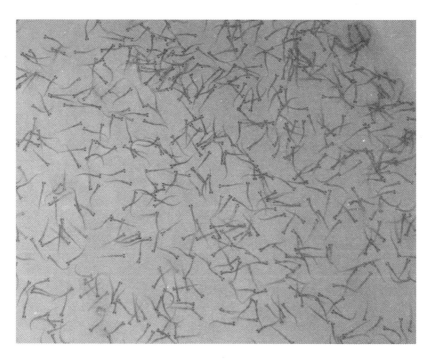

图 3-2 东北雅罗鱼水花苗种

3. 放养密度

鱼苗培育放养密度应根据饵料、技术水平和池塘条件来确定。养殖技术高、生产经验丰富、水源条件好，能做到随排随灌，放养密度可大些，一般每亩放养密度为 20 万～30 万尾；相对而言，初次试养缺乏经验，放养密度可小些，一般每亩放养密度为 8 万～10 万尾；可因地制宜，灵活掌握。

4. 鱼苗放养注意事项

（1）鱼苗放养前拉空网 1 次，以清除敌害生物。

（2）投放鱼苗前 2 天，将网箱置于池中，放入少量鱼苗，试水 1 天或 1

夜，如鱼苗安然无恙，再放养鱼苗。

（3）投苗时应选择晴天，站在池塘上风头慢慢放养，同一池塘放养同一批孵化的鱼苗，绝不能大、小套养，否则会降低鱼苗的成活率。

（4）鱼池水温与运输工具内水温不得相差 2℃以上，如温差过大，超过 2℃以上，应将装水花鱼苗的氧气袋放入池塘静置 15 分钟，使温差保持在 2℃以内，然后将盛装水花鱼苗的氧气袋倾斜放入池中，缓慢倒出并用手拨散鱼苗。

五、饲养管理

1. 投饲

鱼苗放养 3 天后，全池泼洒鱼苗专用饲料（开口料），投喂量为 2 千克/亩，一周后酌情增加，一般在上午 8—9 时、中午 12—13 时、下午 16—17 时，中午的 1 次沿鱼池四周泼洒，其余两次全池泼洒。

2. 巡塘

巡塘是夏花培育日常管理工作中的重要内容之一，应坚持早、中、晚各巡塘 1 次。早上巡塘主要观察鱼类活动、浮头情况，若鱼苗早上浮头，日出后恢复正常，说明水质适中，如晴天 8 时后仍浮头，是供氧不足的表现，应及时加注新水，适当控制施肥投饵。同时捞出蛙卵、杂草并清除水边滋生的青泥苔等。午后巡塘观察鱼苗生长、活动和水质变化情况，并保持池塘清洁。傍晚巡塘观察鱼苗摄食情况，考虑次日投饵、施肥和注水等工作。通过巡塘发现问题并及时解决，做好生产记录。

3. 适时注水

鱼苗下塘时，池塘水深一般在 60 厘米左右，水浅则水温容易升高，有利于有机肥料分解和饵料生物繁殖，促进鱼苗生长，同时水浅池水体积小，水质容易培肥，可相应地减少投饵量和施肥量。但随着鱼体的长大，其活动范围也扩大，水质变肥，就必须定期注水。一般每隔 3～5 天注入 1 次新水，每次注水 10～15 厘米，使水位逐渐加深到 1.5 米。注水时应平缓注入，不能形成急流，以免鱼苗顶水而消耗体力，影响生长。此外，要用密眼网过滤，以防敌害生物随水流入池内危害鱼苗，并注意保持池塘水质"肥、活、嫩、爽"及清洁，透明度保持在 30 厘米左右。

4. 及时分池

鱼苗经过 25～30 天的培育后，成长为体长达 2.5～3 厘米的夏花（图 3-3），活动能力增强，食性开始分化，需要的食物及活动空间增大，因此必须及时分塘或出售，转入鱼种饲养阶段。

图 3-3　东北雅罗鱼夏花苗种

六、拉网锻炼

1. 拉网锻炼的目的

经过 20~25 天的饲养，鱼苗长到 2.5~3 厘米后，应进行分塘或出售，夏花鱼种出池前，须进行 2~3 次拉网锻炼（图 3-4），使鱼种在密集过程中，增加鱼体对缺氧的适应能力，并使鱼体"老练"结实，经得起出塘分养，并在运输过程中避免因产生大量黏液和粪便而污染水质，提高运输成活率。另外，拉网锻炼还可以除去敌害生物，估测夏花数量。

图 3-4　拉网锻炼

2. 拉网锻炼注意事项

（1）第 1 次拉网：把夏花围集网中，检查其体质后，随即放回池内，操作要细心。

（2）第2次拉网：隔1天后，进行第2次拉网锻炼。将鱼苗汇集网中10～20分钟后放回池内，同时估测夏花鱼苗数量。

（3）拉网锻炼鱼苗一定要选晴好天气，在上午鱼不浮头时进行。拉网赶鱼的操作要慢，动作要轻，收网时不能让鱼苗贴网，以免损伤鱼苗。

第二节　秋片鱼种培育

夏花经过3～5个月的培育，成长为体长10～17厘米的鱼种，这段时期成为鱼种培育阶段，由于是在秋天出塘，故称秋片。

一、池塘条件

池塘面积以5～10亩为宜，池深2米以上，池底淤泥厚度不超过20厘米，池底平坦，进排水方便，养殖水源应符合《渔业水质标准》（GB 11607—89）规定，养殖用水水质应符合《无公害食品 淡水养殖用水水质》（NY 5051—2001）要求。池塘保水性能好。每个鱼池需备1.5千瓦或3千瓦增氧机1台。

二、清塘

（1）鱼苗下塘前抽干池水，让池底日晒10～15天左右，然后进水10厘米，每亩用生石灰75～100千克兑水化浆后全池泼洒消毒。

（2）鱼苗下塘前1天拉空网1次，清除蛙卵及蝌蚪。

三、注水施肥

清塘 7～10 天后，注水至 0.8～1 米，注水时用 60 目筛绢网布过滤，防止野杂鱼入内。每亩施发酵好的有机肥 40～75 千克进行肥水，保持池水透明度在 25～30 厘米。

四、夏花鱼种质量

体表光滑、游泳活泼、体质健壮，无伤、无病、无畸形、活动能力强，同一池的鱼种规格要整齐。外购鱼苗应检验检疫合格。

五、鱼种放养

1. 鱼种规格

鱼苗规格以 3～5 厘米为宜。

2. 放养密度

放养密度为每亩 3 万～5 万尾。另外搭配放养规格 2～3 厘米的鲢和鳙鱼夏花，放养密度为每亩 800～1000 尾，鲢和鳙鱼之间比例为 3∶1。

3. 鱼种消毒

夏花鱼种下塘前，用 3%～5% 的食盐水溶液浸洗消毒，消毒时间为 5～10 分钟。

4. 驯食

鱼苗下池 3～5 天后，即可开始进行驯化。在饵料台处每隔十几秒投喂微颗粒饲料或 0.5 毫米的破碎料。同时给予响声，每次驯食 10～20 分钟，如此反复 4～6 天，即可使鱼苗形成群体摄食的习惯。

5. 投饲

坚持"四定"投喂原则，有条件的单位采用机械投喂，日投喂量为鱼体质量的 3%～5%，日投喂 4 次，上午和下午各两次；同时，根据水温、天气和鱼摄食情况增减，每次实际投喂量以 90% 以上的鱼吃饱离去为宜。

六、水质调节

在鱼苗放养时，池塘水深控制在 1 米左右，以后逐渐加深，至 7 月中旬，池塘水深保持在 1.6～1.8 米。整个养殖过程保持池塘水质"新、活、嫩、爽"，透明度在 20～30 厘米，随着高温季节的到来，每隔 15 天左右加新水 1 次，每次 10～15 厘米。

七、日常管理

1. 巡塘

巡塘工作是日常管理的主要内容，每天早、中、晚巡塘，观察池鱼摄食、活动和水质等情况，发现问题及时采取措施，并做好记录。

2. 科学使用增氧机

根据池水溶解氧变化规律、天气和水质情况，开启增氧机增氧，晴天坚持 21 时开启增氧机，并于午后开机 2～3 小时。如遇天气闷热、阴雨天气及时开启增氧机，以补充池塘水体溶氧。

3. 病害防治

要及时发现鱼病，及早防治。坚持防重于治的原则，做好"三消"，即池塘消毒、鱼种消毒、饲料台（饲料框、食场）消毒。

八、并塘越冬

当温度降至 10℃左右时，鱼种逐渐停止摄食，为了便于翌年放养和销售，这时便可将鱼种按规格进行并塘越冬。

第四章 东北雅罗鱼成鱼养殖

秋片越冬之后成为春片，春片再经过 5～6 个月的饲养，规格达到 150～300 克，便成为商品鱼。

第一节 放养前的准备

一、池塘条件

池塘面积以 8～15 亩为宜，池深 2 米以上，池底淤泥厚度不超过 20 厘米，池底平坦，进、排水方便，池塘保水性能好。

二、水源

水源充足并符合 GB 11607—89 规定，养殖用水水质应符合 NY 5051—2001 要求。

三、机械配备

每 2～3 亩配 1.5 千瓦或 3 千瓦叶轮式增氧机 1 台，并根据池塘养殖面积配备相应的发电机组和自动投料机。

四、投料台的设置

（1）投料台的位置和施工一般选择在池岸的相对中间部位，尽量靠近增氧机。如果池塘面积较大，鱼类就不能很好地游到投料台前。

（2）池塘投料台需要面对开阔的水面，通风良好，日照时间长，这样水中溶氧量才充足。

（3）池岸平整，主要是考虑到搬运饲料时比较容易。

（4）投饵水深2~3米，底面较平，有利于鱼类觅食，标准的水深不会出现鱼类太过拥挤的现象。

（5）投料台应在水面上2~3米，30~50厘米高为宜，这样有利于饲料投得远些，投料台下最好用水泥护坡，防止坍塌。

（6）投料台最好是活水的源头（可以在投料台位置设置冲水装置，如图 4-1），这样食场就会有活水流过，可提高食场溶解氧，若投料台设置的位置溶解氧偏低，就会使鱼类摄食欠佳，不仅影响鱼体的生长，也会引起鱼病等，如果有条件的话，尽量将池塘投料台位置选择得符合标准，能充分提高池塘的养殖效率。

图 4-1　投料台冲水装置

五、清塘

1. 方法

在投放鱼苗之前，要对养殖鱼塘进行全面彻底的消毒工作，将鱼塘中的杂草、杂鱼及各种病菌等有害生物清理干净，为鱼苗营造出一个优质的生长环境。其清塘方法与夏花鱼苗培育清塘方法相同。采用生石灰进行清塘：

在塘底挖一些小坑，然后把生石灰放入小坑中融化，隔天用耙或者其他工具将融化后的生石灰与底泥耙均匀，使生石灰与底泥充分混合，混合后充分发挥生石灰清塘消毒、灭杀野杂鱼以及其他水生生物等的作用。

2. 生石灰清塘注意事项

（1）采用新鲜生石灰进行清塘，因其含氧化钙成分高，杀菌能力强，化水时应充分搅拌溶解并及时下池泼洒。

（2）生石灰清塘1周后pH值才稳定在8.5左右，提前放鱼，易造成毒死鱼苗事故。盐碱池塘或池塘水体pH值大于8时不能用生石灰。

六、注水

生石灰一般有效时间为5～7天，清塘之后，撒生石灰7天后才可以放水，而且放苗前一定要试水，可以先放少量鱼苗，观察状况，如果没有问题才可以放苗，为了防止野杂鱼和小虾等进入鱼池，在进水口还应装上较密的过滤设备。

第二节　鱼种放养

一、鱼种来源

自己培育或就近购买，最好是自育自养，以避免长途运输造成鱼种受伤，带回病菌以致发病死亡。

二、鱼种规格

鱼种规格以30～50尾为宜，如图4-2。

图 4-2　东北雅罗鱼春片鱼种

三、鱼种质量

体表光滑、游泳活泼、体质健壮，无伤、无病、无畸形、活动能力强，同一池的鱼种规格要整齐。外购鱼种检验检疫合格。

四、放养时间

春季开河后，池塘水温上升到 10℃ 左右时开始放养鱼种。

五、放养密度

放养密度为每亩 1 万 ~ 1.5 万尾。在鱼种下池 1 周后，搭配投放与东北雅罗鱼在生态和食性上没有冲突的鲢、鳙和黄颡鱼等鱼，以充分利用池塘的水体空间，如搭配体长为 15 ~ 20 厘米的花鲢 50 尾/亩，体长为 15 ~ 20

厘米的白鲢 100 尾/亩，体长为 6~8 厘米的黄颡鱼 100 尾/亩。

六、鱼种消毒

鱼种放养时用 3%~5%的食盐水浸洗消毒，以杀灭鱼体表的细菌和寄生虫。下塘前，运输鱼种的水温与放养池水的温差不超过 2~3℃。

第三节　日常管理

一、驯食

鱼种下池 2~3 天后，即可开始进行驯化。用自动投饵机进行驯化，将投料机投料调到最小模式，投料间隔为 10~15 秒/次，每次驯食 20~30 分钟，如此反复 3~4 天，即可使东北雅罗鱼鱼苗形成群体摄食的习惯。

二、投饲

投喂要遵循定时、定位、定量、定质的"四定"原则。投喂的饲料必须保持新鲜，蛋白质含量为 30%~33%，每天的投饵量占鱼体总重量的 5%~8%。可以根据天气和鱼的摄食情况适当增加或减少，以后每 15 天调整一次投饵量。4—6 月每天投喂 3 次，7—9 月每天投喂 4 次。

三、巡塘

坚持早、中、晚 3 次巡塘，认真观察鱼类活动、摄食与生长情况，发现问题及时处理，并做好记录。

四、水质管理

1. 调节水质

池塘水深控制在 1.5～2 米，定期调整水质以保持池水的清新。每隔 5～7 天，向池塘注入 1 次新水，每次 10～20 厘米，以便池塘保持良好的水质。整个养殖过程中保持池塘水质"新、活、爽"，透明度在 20～30 厘米，每月用生石灰浆泼洒两次。每次用量为每亩 10～15 千克，以改善水质和预防鱼病的发生。

2. 合理开启增氧机

水温升高，有机耗氧增加，养殖密度高则造成溶解氧降低，除了采用加注新水来调节水质外，还要合理使用增氧机，以增加水体中溶解氧的含量。在高温季节，坚持在晴天午后开动增氧机 1～2 小时，搅动水体，使水体上下层的溶解氧达到饱和；夜间 20—21 时开动增氧机，特别是在阴雨天或天气突变的情况下，更要及时开机，防止泛塘。

3. 施用生石灰改善水质和预防鱼病注意事项

（1）夏季水温在 30℃以上时，对于池深不足 1 米的小塘，不要全池泼洒生石灰；同样，闷热和雷阵雨天气不宜全池泼洒生石灰，否则会造成次日凌晨缺氧泛池现象的发生。

（2）施用生石灰要注意剂量，一般预防剂量为每亩水深 1 米用 13～15 千克；在治疗鱼病时，每亩用量为 16～25 千克。用药后要观察鱼的反应，以防剂量太大，水质陡变使鱼死亡。

（3）要处理好施用生石灰与施铵态肥的间隔时间，否则会引起铵中毒。一般施肥 5 天后可施用生石灰，或施用生石灰 3~5 天后，再施肥，这样较为安全。

（4）生石灰与漂白粉合用会降低消毒效果。应在漂白粉等含氯制剂施放 5 天后再用生石灰消毒，效果较好。

（5）生石灰一般适用于细菌性鱼病的防治，而对寄生虫性、病毒性疾病的防治效果不佳。

第五章　鱼病防治

第一节　日常鱼病防治常识

一、鱼病防治中常用的给药方法

在鱼病防治中，应根据鱼病的发病原因、症状、感染的情况及病程的性质，采取相应的给药方法，以达到药到病除、节约成本开支、增产稳产、提高养鱼经济效益的目的。

1. 遍洒法

此方法杀灭病原体彻底，可用于治疗，也可用于预防。具体方法：将配制好的药液全池遍洒，让池塘水达到一定的药物浓度，以杀灭鱼池中及池鱼体表外的病原体。此方法的缺点是用药量大，池水体积的计算麻烦，副作用比较大。药物的安全范围较小时，要谨慎使用，以免造成危害（见图 5-1）。

2. 挂袋法

此方法副作用小、危险系数低（几乎没有危险）、用药量小、简便易行。具体方法：将盛有药物的袋悬挂在鱼池食场周围，形成一定范围的消毒区，以杀灭摄食鱼鱼体表面的病原体。这种方法须掌握好用药量，使消毒区内池水的忍耐浓度保持在药物安全范围内，使池水浓度保持 2～3 小时，做到既能治病，又不给鱼造成伤害。

图 5-1　遍洒法

3. 浸洗法

此方法一般作为运输前后及鱼转池预防消毒，用药时不影响水中浮游生物，用药量少，没有危险性。具体方法：将鱼集中在有较高浓度药液的容器中，给鱼进行短期药浴，以杀灭鱼体外表的病原体。其缺点是不能杀灭水体中的病原体，需专门拉网，易损伤鱼体。

4. 口服法

此方法适用于鱼病的预防和治疗。具体方法：将病鱼喜欢吃的饵料，连同一定量的药物或疫苗，加上一点无毒的黏合剂一起拌匀，制成药饵投喂，以杀灭鱼体内的病原体。其缺点是病鱼已停止摄食或很少摄食，病情较严重时无效。

5. 注射法

注射法同口服法比较，具有疗效好、吸收快、进入鱼体的药量准确的优点。常用的注射法有腹腔注射和肌肉注射。其缺点是比较麻烦，费工费时，一般只在人工注射疫苗时使用。

6. 涂抹法

此方法只在注射催产剂及亲鱼检查时使用，具有副作用小、使用安全、方便、用药量小的优点。具体方法：用较浓的药液涂抹鱼体表面患病的地方，以杀灭鱼体的病原体。涂抹时应注意将鱼头持向上方，防止药液流入鱼鳃造成危害。

二、日常鱼病的诊断原则

在日常养殖过程中，可以根据以下原则对鱼类疾病进行诊断。

1. 判断是否由于病原体引起疾病的原则

有些鱼类出现不正常的现象，并不是由于传染性或者寄生性病原体引起的，可能是由于水体中溶解氧量低导致的鱼体缺氧，各种有毒物质导致的鱼体中毒等。这些非病原体导致的鱼体不正常或者死亡的现象，通常都具有明显不同的症状：

（1）在同一水体中的鱼类受到来自环境的应激性刺激大致相同，因此，鱼体对相同应激性因子的反应也是相同的，这时鱼体表现出的症状比较相似，疾病发展进程也比较一致。

（2）除了某些有毒物质引起鱼类的慢性中毒外，非病原体引起的鱼类疾病，往往会在短时间内导致大批鱼类失常甚至死亡。

（3）查明患病原因后，应立即采取适当措施，症状可能很快消除，通常都不需要进行长时间的治疗。

2. 依据疾病发生季节的原则

各种病原体的繁殖和生长均需要适宜的温度，而水温的变化与季节有关。所以，鱼类疾病的发生大多具有明显的季节性。适宜于低温条件下繁殖与生长的病原体引起的疾病大多都发生在冬季，而适宜于较高水温的病原体引起的疾病大多都发生在夏季。

3. 依据患病鱼体外部症状和游动状况的原则

虽然多种传染性疾病均可以导致鱼类出现相似的外部症状，但是，不同疾病的症状也具有不同之处，而且患有不同疾病的鱼类也可能表现出特有的游泳状态（泳姿）。

如鳃部患病的鱼类一般均会出现缺氧浮头的现象，而当鱼体上有寄生虫寄生时，就会出现鱼体挤擦和时而狂游上跳的现象。

4. 依据鱼类种类和发育阶段的原则

各种病原体对所寄生的对象具有选择性，而处于不同发育阶段的各种鱼类由于其生长环境、形态特征和体内化学物质的组成等均有所不同，对不同病原体的感受性也不一样。如鲫鱼或者鲤鱼有些常见的疾病，就大多不会在冷水鱼中发生，有些疾病在幼鱼中容易发生，而在成鱼阶段就不会出现。

5. 依据疾病发生地区特征的原则

由于不同地区的水源、地理环境、气候条件以及微生态环境均有所不同，导致不同地区的病原区系也有所不同。对于某一地区特定的饲养条件而言，经常流行的疾病种类并不多，甚至只有 1~2 种，如果是当地从未发现过的疾病，患病鱼也不是从外地引进的话，一般都可以不考虑地区特征，而需要考虑是否是新的病种，以便从更深层次的角度去探究鱼病的病原病因。

6. 原发性和继发性疾病的确诊

根据对鱼体检查的结果，结合各种疾病发生的基本规律，基本上就可以明确疾病发生原因而做出准确诊断了。需要注意的是，当从鱼体上同时检查出两种或者两种以上的病原体时，如果两种病原体是同时感染的，即称为并发症。

若是先后感染的两种病原体，则将先感染的称为原发性疾病，后感染的称为继发性疾病。对于并发症的治疗应该同时进行，或者选用对两种病原体都有效的药物进行治疗。由于继发性疾病大多是原发性疾病造成鱼体损伤后发生的，对于这种状况，应该找到主次矛盾后，依次进行治疗。

三、鱼病治疗原则

1. 抓住时机，早期治疗

正常鱼类发病都不是突然的，开始机体与病原之间有一个相持阶段，对于个体来讲，即潜伏阶段。对于群体来讲，常是死亡刚开始，"发生期"是治疗的最有利时期。只要正确用药，鱼病相对容易控制。

2. 根据病情发展不同阶段（即死亡数量变化）灵活用药

（1）发生期：加强内服、泼洒，勿破坏水体。

（2）发展期：调整药物种类、剂量，改善水质、底质。

（3）高峰期：稳定内服药物，解毒、增氧、改水。

（4）恢复期：防止继发感染，正常消毒，内服保肝，逐渐增加投饵。

（5）稳定期：应以改善水质、底质环境、恢复体质为主。

3. 根据发病不同类型（急、慢性）科学用药

（1）急性。

数天内死亡达到高峰，发病前摄食变化不大。治疗以内服药物为主，外用低刺激类消毒剂。

（2）慢性。

陆续零星死亡，无明显高峰期，持续时间较长。治疗时应初期内服抗菌药物，外用消毒剂；中、后期以恢复体质、改善水质及底质为主。

（3）亚急性。

发病介于急性与慢性之间。治疗方法同慢性。

四、日常鱼病防治注意事项

随着水产养殖业的发展，鱼病随之增多，鱼病的防治也极其复杂，因此，在防治鱼病时必须注意以下几点。

（1）根据不同的养殖品种和养殖环境，对所患疾病进行正确的诊断，寻找合理的药物，拟定科学的给药途径。

（2）鱼类疾病往往是几种病并发，应分清主次，进行综合防治。水体环境是病原的温床，应遵循"治病先杀虫、治病先治水、水体用药与口服药相结合"的原则。

（3）给药要适量，药量低了达不到治疗的效果，药量高了又可能将鱼毒死。因此，在给药过程中，一定要认真计算好水的方量，从而计算药的用量。

（4）适当停食，投喂刺激性大、鱼类不爱吃的药物时应先停食1～2天，以便药物能够较多地摄入鱼体内。药饵要拌匀拌足，上午和下午各喂1次，喂后30～40分钟吃完为好，防止药物溶入水中散失。

（5）外用药连续使用两次以上的，每次浓度要相同，切忌忽高忽低。活水塘应先堵死进水口再用药。内服药坚持用一个疗程，西药为3～5天，中药为5～7天。

（6）全池泼洒药物时，要选择较好的天气，一般在晴天的上风处进行泼洒，时间最好在上午的 10 时左右或下午的 16 时左右。泼洒后要观察 2 小时以上，以防发生意外，同时不宜拉网操作和增放苗种等。

（7）浸洗鱼体时，要根据水温和鱼的耐受力灵活掌握，溶化药物最好用木质或塑料容器。

（8）使用注射法和药浴法时，捕捞和注射患病鱼类时要谨慎操作，避免鱼体受伤。

（9）慎用硫酸铜，硫酸铜与其他药物配合使用能治疗多种疾病，但硫酸铜对鱼类的鳃和肾影响很大，会阻碍鱼类的生长。在高温季节，当天气、换水和增氧等条件不具备时尽量不使用。在不得不用的情况下，一定要计算好剂量。

（10）整个养殖阶段要注意药物的更新，杀虫和杀菌药物交替使用，同一药物或成分相似的药物 1 年内使用不超过 3 次为好，避免产生抗药性。当一种治疗方案疗效不显著时，应及时调整配方。

第二节 日常用药常识与注意事项

一、兽用处方药和非处方药

根据 2014 年 3 月 1 日起施行的《兽用处方药和非处方药管理办法》（农业部令〔2013〕第 2 号），国家对兽药实行分类管理，根据兽药的安全性和使用风险程度，将兽药分为兽用处方药和非处方药。

1. 兽用处方药

兽用外方药是指凭兽医处方笺方可购买和使用的兽药。兽用处方药品种目录由农业农村部制定并公布。兽用处方药品种目录见表5-1。

表5-1　兽用处方药品种目录

序号	品　　　种
1	阿苯哒唑粉
2	吡喹酮预混剂
3	敌百虫、辛硫磷粉
4	地克珠利预混剂
5	氟苯尼考粉（农业部627号公告）
6	氟苯尼考粉［兽药典–兽药使用指南（化学药品卷）］
7	复方阿苯哒唑粉
8	复方磺胺二甲嘧啶粉Ⅱ型
9	复方磺胺二甲嘧啶粉Ⅰ型
10	复方磺胺甲噁唑粉
11	复方磺胺嘧啶粉
12	磺胺间甲氧嘧啶钠粉
13	甲苯咪唑溶液
14	精制敌百虫粉
15	氯氰菊酯溶液
16	诺氟沙星、盐酸小檗碱预混剂（农业部627号公告）
17	诺氟沙星、盐酸小檗碱预混剂［兽药典–兽药使用指南（化学药品卷）］
18	扑草净粉

续表

序号	品　　种
19	烟酸诺氟沙星预混剂
20	盐酸多西环素粉
21	诺氟沙星粉
22	盐酸沙拉沙星可溶性粉
23	精制马拉硫磷溶液
24	乳酸诺氟沙星可溶性粉
25	恩诺沙星粉
26	硫酸新霉素粉
27	复方硫酸锌粉Ⅰ型
28	硫酸锌粉
29	诺黄散
30	氯硝柳胺粉
31	复方硫酸锌粉Ⅱ型
32	脱壳促长散（水产用）
33	注射用青霉素钠
34	注射用硫酸链霉素
35	甲砜霉素粉［兽药典–兽药使用指南（化学药品卷）］
36	甲砜霉素粉（农业部 627 号公告）
37	磺胺间甲氧嘧啶片
38	磺胺对甲氧嘧啶片
39	磺胺二甲嘧啶片
40	磺胺噻唑片
41	甲氧苄啶片
42	噁喹酸散
43	噁喹酸混悬液

续表

序号	品　种
44	噁喹酸溶液
45	恩诺沙星片
46	复方甲苯咪唑粉
47	盐酸左旋咪唑片
48	硫酸锌
49	复合氯酸钠
50	鱼嗜水气单胞菌败血症灭活疫苗
51	草鱼出血病灭活疫苗
52	虾蟹脱壳促长散
53	注射用促黄体素释放激素 A2
54	注射用促黄体素释放激素 A3
55	亚硒酸钠维生素 E 预混剂
56	注射用复方硫酸庆大霉素
57	复方氟苯尼考粉
58	红霉素片
59	硫氰酸红霉素可溶性粉
60	噁喹酸
61	复方噁喹酸粉
62	氟甲喹粉
63	盐酸小檗碱预混剂
64	维生素 C 磷酸酯镁、盐酸环丙沙星预混剂
65	敌百虫溶液
66	阿维菌素溶液
67	伊维菌素溶液
68	盐酸氯苯胍粉

续表

序号	品　种
69	辛硫磷溶液
70	溴氰菊酯溶液
71	氰戊菊酯溶液
72	复合亚氯酸钠
73	二氧化氯（Ⅰ）
74	二氧化氯
75	复合亚氯酸钠粉Ⅱ
76	复合亚氯酸钠（Ⅳ）
77	复合亚氯酸钠（Ⅴ）
78	复合亚氯酸钠Ⅰ
79	复合亚氯酸钠Ⅲ
80	复合亚氯酸钠溶液（Ⅰ）
81	复合亚氯酸钠溶液（Ⅲ）
82	癸甲溴铵、碘溶液
83	注射用复方绒促性素 A 型
84	注射用复方鲑鱼促性腺激素释放激素类似物
85	注射用复方绒促性素 B 型
86	牙鲆鱼溶藻弧菌、鳗弧菌、迟缓爱德华菌病多联抗独特型抗体疫苗

2. 兽用非处方药

兽用非处方药是指由农业农村部公布的、不需要凭兽医处方笺就可以自行购买并按照说明书使用的兽药。兽用处方药品种目录以外的兽药为兽用非处方药。兽用非处方药品种目录见表5-2。

表 5-2　兽用非处方药品种目录

序号	品　　种
1	苯扎溴铵溶液
2	溴氯海因粉
3	二氯异氰脲酸钠粉
4	腐植酸溶液
5	复合碘溶液
6	硫酸铜、硫酸亚铁粉 I 型
7	高碘酸钠溶液
8	过硼酸钠粉
9	过碳酸钠
10	过氧化钙粉
11	过氧化氢溶液
12	含氯石灰［兽药典–兽药使用指南（化学药品卷）］
13	含氯石灰（农业部 627 号公告）
14	聚维酮碘粉
15	聚维酮碘溶液［兽药典–兽药使用指南（化学药品卷）］
16	聚维酮碘溶液（农业部 627 号公告）
17	硫代硫酸钠粉
18	硫酸铝粉
19	硫酸铝钾粉
20	次氯酸钠溶液
21	三氯异氰脲酸粉［兽药典–兽药使用指南（化学药品卷）］
22	三氯异氰脲酸粉（农业部 627 号公告）
23	三氯异氰脲酸片
24	维生素 C 钠粉
25	维生素 K3 粉

续表

序号	品　种
26	戊二醛溶液
27	盐酸甜菜碱预混剂
28	肝胆利康散（水产用）
29	山青五黄散（水产用）
30	双黄苦参散（水产用）
31	板蓝根大黄散（水产用）
32	双黄白头翁散（水产用）
33	百部贯众散（水产用）
34	青板黄柏散（水产用）
35	蒲甘散（水产用）
36	大黄芩蓝散（水产用）
37	清健散（水产用）
38	清莲散（水产用）
39	鱼肝宝散（水产用）
40	六味黄龙散（水产用）
41	三黄散（水产用）
42	柴黄益肝散（水产用）
43	首乌散（水产用）
44	川楝陈皮散（水产用）
45	六味地黄散（水产用）
46	五倍子末（水产用）
47	芪参免疫散（水产用）
48	龙胆泻肝散（水产用）
49	南板蓝根末（水产用）
50	板蓝根末（水产用）

续表

序号	品　种
51	十大功劳末（水产用）
52	地锦草末（水产用）
53	青蒿末（水产用）
54	大黄末（兽药典中药卷）
55	大黄末（农业部 627 号公告）
56	烂鳃灵散（水产用）
57	虎黄溶液（水产用）
58	苦参末（水产用）
59	雷丸槟榔散（水产用）
60	五倍大青散（水产用）
61	利胃宝（水产用）
62	根莲解毒散（水产用）
63	健鱼灵散（水产用）
64	芪藻散（水产用）
65	扶正解毒散（水产用）
66	黄连解毒散（水产用）
67	苍术香连散（水产用）
68	加减消黄散（水产用）
69	驱虫散（水产用）
70	清热散（水产用）
71	穿心莲末（水产用）
72	大黄五倍子散（水产用）
73	穿梅三黄散（水产用）
74	七味板蓝根散（水产用）
75	青连白贯散（水产用）

续表

序号	品　种
76	银翘板蓝根散（水产用）
77	高锰酸钾
78	蛋氨酸碘粉
79	蛋氨酸碘溶液
80	碳酸氢钠片
81	蚌毒灵散
82	维生素 AD 油
83	硫酸亚铁
84	大蒜素粉
85	硫酸铜、硫酸亚铁粉、氧化铁粉
86	蛋氨酸碘
87	碘附（Ⅰ）
88	戊二醛、苯扎溴铵溶液
89	大黄解毒散
90	黄芩苦参散
91	苦参百部散
92	连翘解毒散
93	虾康颗粒

二、禁用兽药

禁用兽药即在所有食品动物或特定动物不得作任何用途使用的，在所有可食组织中不得检出的药物。水产养殖禁用药物见表 5-3。

表 5-3　水产养殖禁用药物

序号	药品名称（中文　外文）	备　注
1	己烯雌酚 Diethylstilbestrol	包括衍生物
2	玉米赤霉醇 Zeranol	二羟基苯甲酸内酯类包括制剂
3	去甲雄三烯醇酮 Trenbolone	包括制剂
4	醋酸甲孕酮 Mengestrol Acetate	包括制剂
5	克伦特罗 Clenbuterol	（β-肾上腺激动剂类）包括盐、酯及制剂
6	沙丁胺 Salbutamol	包括盐、酯及制剂
7	西马特罗 Cimaterol	包括盐、酯及制剂
8	特布他林 Terbutaline	包括盐、酯及制剂
9	拉克多巴胺 Ractopamine	包括盐、酯及制剂
10	甲萘威 Carbaryl	氨基甲酸酯类
11	甲巯咪唑 Thiamazole	甲状腺抑制剂类
12	二甲硝咪唑 Dimetridazole	
13	甲硝唑 Metronidazole	包括盐、酯及制剂
14	洛硝达唑 Ronidazol	
15	地美硝唑 Dimetronidazole	包括盐、酯及制剂
16	氯霉素 Chloramphenicol	包括盐、酯及制剂
17	琥珀氯霉素 Chloramphenicol Succinate	包括盐、酯及制剂
18	呋喃唑酮 Furazolidone	包括制剂
19	呋喃它酮 Furaltadone	包括制剂
20	呋喃苯烯酸钠 Nifurstyrenate Sodium	包括制剂
21	呋喃丹（克百威）Carbofuran	
22	环丙沙星 Ciprofloxacin	
23	红霉素 Erythromycin	
24	泰乐菌素 Tylosinum	
25	杆菌肽 Bacitracin	
26	氯丙嗪 Chlorpromazine	包括盐、酯及制剂

续表

序号	药品名称（中文 外文）	备 注
27	秋水仙碱 Colchicine	
28	地西泮（安定）Diazepam	包括盐、酯及制剂
29	安眠酮 Methaqulone	包括制剂
30	氨苯砜 Dapsone	包括制剂
31	二氯二甲吡啶酚（氯羟吡啶）Anticoccidials（Clopidol）	
32	磺胺喹恶啉 Sulfaquinoxaline	
33	磺胺脒 Sulfaguanidine	
34	磺胺噻唑（消治龙）	
35	林丹（丙体六六六）Lindane	
36	毒杀芬（氯化烯）Camahechlor	
37	杀虫脒（克死螨）Chlordimeform	
38	双甲脒 Amitraz	
39	五氯酚酸钠 Pentachlorophenol Sodium	
40	五氯酚钠 Pcp—Na	
41	硝基酚钠 Sodium nitropenolate	包括制剂
42	硝呋烯腙 Nitrovin	包括制剂
43	二氯化汞 Calomel	
44	硝酸亚汞 Mercurous nitrate	
45	吡啶基醋酸汞 Pyridyl mercurous acetate	
46	醋酸汞 Mercurous acetate	
47	酒石酸锑钾 Antimony Potassium tartrate	
48	锥虫胂胺 Tryparsamide	
49	甲基睾丸酮 Methyltestosterone	包括同类雄性激素
50	雌二醇 Oestrol	包括同类雌性激素
51	喹乙醇 Olaguindox	

续表

序号	药品名称（中文 外文）	备　注
52	速达肥 Fenbendazole	
53	孔雀石绿 Malachite　green	
54	六六六 BHC	
55	滴滴涕 DDT	
56	六氯苯 Hexachlorbenzene	
57	多氯联苯 PCBS	
58	氟乙酰苯醌 Fldoroguinolones	
59	糖肽 Glycoptides	
60	二嗪农 Diazinon	
61	敌敌畏 Dichlorvos	
62	其他类固醇激素类	
63	其他有机氯农药	
64	菊酯类农药	除溴氰菊酯外
65	其他汞制剂	
66	地虫硫磷	

三、渔药的特点和分类

渔药即渔用药品的简称，是兽药的一种，是为提高养殖渔业产量，用以预防、控制和治疗水产动植物病、虫、害，促进养殖对象健康生长，增强机体抗病能力，以及改善养殖水体质量所使用的物质。

1. 渔药的特点

（1）应用对象的特殊性。渔药的应用对象主要是水生动物，其次是水生植物以及水环境，而狭义的渔药则是指水生动物的药物。

（2）受环境因素影响大。渔药可直接用于鱼体，但在多数情况下，需要施放在水中，因此其药效易受水质和水温等诸多水环境因素影响。

2. 渔药的分类

按照渔药的功能分类，一般可将渔药分为水体消毒剂、内服抗菌剂、寄生虫驱杀剂、中草药、生物制品、水质改良剂等。虽然国家法规没有将水质改良剂归类于渔药，但由于鱼类防病的特殊需要，通常将水质改良剂归为渔药的一类。

（1）消毒剂。

具有破坏生物活性的功能，用于杀灭养殖环境、动物体表和工具上的有害生物或病原微生物，控制疾病传播或发生。消毒剂种类很多，按作用机理分为氧化性消毒剂、表面活性剂、醛类等。常见的消毒剂有漂白粉、三氯异氰脲酸、高锰酸钾、聚维酮碘等。

（2）环境改良剂。

改良水体、底质等养殖环境的物质，可转化或促进转化水体环境中的有毒有害物质、增加水体有益或营养元素，包括底质改良剂、水质改良剂等。一般分化学性和生物性两类：常见的化学环境改良剂有生石灰和沸石粉等；常见的生物环境改良剂有光合细菌和枯草芽孢杆菌等。

（3）抗微生物制剂。

具有抑制细菌、病毒和真菌繁殖的功能，用于预防和治疗因细菌、病毒和真菌所导致的鱼类动物疾病。以内服为主，常见的抗微生物制剂以抗菌药为主，有抗生素类（如氟苯尼考）、磺胺类和喹诺酮类（如诺氟沙星等）。

（4）抗寄生虫药。

具有驱除或杀灭鱼类动物体内、体表或养殖环境中寄生虫的功能，用于抵御寄生虫对养殖动物的侵害。根据用药的方式，有内服和泼洒两种。常见药物有敌百虫、硫酸铜和氯氰菊酯等。

（5）中草药。

具有抑制微生物活性、增强养殖动物抗病能力等功能，用于预防和治疗鱼虾疾病。中草药具有天然、安全、药效温和等优点，是无公害养殖的首选药物。常用中草药有三黄粉、大蒜和板蓝根等。

（6）生物制品。

具有特定的生物活性，用于预防、治疗或诊断特定的疾病。主要包括疫苗和生物诊断试剂等。

（7）代谢改善与强壮药。

指添加到饲料中增强养殖动物体质、促进生长或提高免疫力的药物。如维生素类、某些微量矿物质、氨基酸和多糖类等。

（8）杀藻类药物和除草剂。

是指能杀灭水中藻类、水生植物等的药剂，如碳酸氢铵、螯合铜和扑草净等。

四、日常鱼病防治与用药

1. 疾病发生的原因及条件

在鱼病的诊断过程中，要找出鱼病的病因，掌握发病条件。任何疾病的发生都是有原因的。引发鱼病的主要原因有三种：第一是外界的不良刺激，包括机械性损伤、物理性或化学性的刺激和病原体感染；其次是机体的营养不良，缺少某些必需的营养物质；最后是机体本身的缺陷。任何一种疾病的发生不仅有一定的内因，而且还有一定的外界条件，这就是人们常说的致病三因素：机体本身、病原体和环境。其中病原体对疾病的发生起着主要作用，因为它决定疾病的发生和疾病的基本特征；外界条件则可以影响病原的作用，它虽不能引起疾病，但可促进或阻碍疾病的发生与发展。

2. 正确诊断与及时用药

（1）正确诊断。

要准确诊断鱼病，首先要对池塘的生态条件、水质情况和饲养情况等有充分的了解，正确掌握发病的外因；对病鱼除作目检外，还应通过解剖和镜检，结合病鱼的症状，对鱼病作出正确的诊断。一般来讲，不同鱼病表现出的症状不同，但也有些鱼病症状接近或相同，对症状相似或相近的鱼病要认真鉴别，只有确诊后才能对症下药。

（2）及时用药。

对于已发病的病鱼，确诊后要及时用药，切莫拖延时间。因为一旦病鱼发病，往往它的食欲已下降，会给治疗增加困难，如不马上采取措施，控制病情，病鱼很可能会因病情加重而死亡，病原也会乘机加快传播，严重时很可能蔓延全池，产生严重后果。只有在鱼病的早期，病鱼还有一定的摄食能力时，及时投喂药饵（单靠外用药物对池塘水体消毒，疾病是不容易被控制的），才能进行鱼体内的治疗。

3. 对症选药与用药注意事项

（1）对症选药。任何一种药物都不能包治百病，如果使用不当，不仅不能防治疾病，甚至还可能使疾病加重，造成更大的经济损失。不同的鱼药针对不同的鱼病才能奏效。一般来讲，细菌性鱼病应使用抗菌类药物内服加外消；寄生性疾病则应选用灭虫类药物全池泼洒或药浴。

（2）日常用药注意事项见表 5-4。

表 5-4　日常用药注意事项

序号	药品名称	注意事项
1	菊酯类杀虫药	水质清瘦，水温低时（特别是 20℃以下），对鲢、鳙、鲫等鱼毒性大；如沿池塘边泼洒或稀释倍数较低时，会造成鲫鱼或鲢、鳙鱼死亡。虾蟹禁用
2	阿维菌素溶液	正常用量、稍微加量、稀释倍数较低或泼洒不均匀，会造成鲢鱼和鲫鱼的死亡。海水贝类在泼洒不均匀的情况下，易导致死亡
3	含氯、溴消毒剂	当水温高于 25℃时，按正常用量将含氯、溴消毒剂用于河蟹，会造成河蟹死亡，死亡概率为 20%～30%。在水质肥沃时使用，会导致缺氧泛塘
4	杀虫药（敌百虫除外）或硫酸铜	当水深大于 2 米，如按面积及水深计算水体药品用量，并且一次性使用时，因药物渗水深度一般不会超过 2～3 米，如果仍按实际深度计算用药，容易造成鱼类死亡，概率超过 10%

序号	药品名称	注意事项
5	氯硝柳胺	用于绦虫治疗有特效，但对鱼类有剧毒，注意把握好用量
6	甲苯咪唑溶液	按正常用量，胭脂鱼发生死亡；淡水白鲳、斑点叉尾鮰敏感；各种贝类敏感。无鳞鱼慎用
7	海因类含溴制剂	有效成分大于 20% 的，在水温超过 32℃时，若水体内三天累计用量超过 200 克/亩·米，会造成在脱壳期内的甲壳水生动物死亡
8	菊酯类和有机磷药物	除生物菊酯外，其余种类不得用于甲壳类水生动物
9	辛硫磷	对淡水白鲳、鲷毒性大。不得用于大口鲶、黄颡鱼等无鳞鱼
10	碘制剂、季铵盐制剂	对冷水鱼类（如大菱鲆）有伤害，并可能致死
11	一水硫酸锌	用于海水贝类时应小心，有可能致死，特别注意使用后缺氧
12	代森铵和代森锰锌	不可用于鳜鱼。代森铵用后易导致缺氧，使用后应注意增氧
13	维生素 c	不能和重金属盐、氧化性物质同时使用
14	硫酸铜、硫酸亚铁	贝类禁用，用药后注意增氧，瘦水塘、鱼苗塘适当减少用量；30 日龄内的虾苗禁用。鲂、鲟、乌鳢、宝石鲈慎用
15	硫酸乙酰苯胺	注意增氧，珍珠、蚌类等软体动物禁用；放苗前请试水；鱼苗及虾蟹苗慎用
16	大黄流浸膏	易燃物品，使用后注意增氧
17	硫酸铜	不能和生石灰同时使用。当水温高于 30℃时，硫酸铜的毒性增加，硫酸铜的使用剂量不得超过 300 克/亩·米，否则可能会造成鱼类中毒泛塘。烂鳃病、鳃霉病不能使用。鳜鱼禁用
18	敌百虫	虾蟹、淡水白鲳、鳜禁用；加州鲈、乌鳢、鲶、大口鲶、斑点叉尾鮰、鳜、虹鳟、海水章鱼、胡子鲶、宝石鲈慎用
19	高锰酸钾	斑点叉尾鮰、大口鲶慎用

续表

序号	药品名称	注意事项
20	阳离子表面活性消毒剂	若用于软体水生动物，轻者会影响生长，重者会造成死亡。海参不得使用
21	盐酸氯苯胍	若做药饵搅拌不均匀，会造成鱼类中毒死亡，特别是鲫鱼
22	阿维菌素、伊维菌素	内服时，无鳞鱼或乌鳢会出现强烈的毒性
23	季铵盐碘	瘦水塘慎用
24	杀藻药物	所有能杀藻的药物在缺氧状态下均不能使用，否则会加速泛塘
25	外用消毒、杀虫药	早春，特别是北方，鱼体质较差，按正常用量用药，会发生鱼类死亡，特别是鲤鱼，死亡概率为 5%～10%，且一旦造成死亡，损失极大
26	内服杀虫药	早春，如按体重计算药品用量，会造成吃食性鱼类的死亡，概率为 10%～20%
27	水质因素	当水质恶化，或缺氧时，应禁止使用外用消毒、杀虫药。施药后 48 小时内，应加强对施药对象生存水体的观察，防止造成继发性水体缺氧

同时，在日常用药中还应特别注意以下几点。

① 在选择鱼药时，应注意避免长期使用同一种药物来防治某一种或某一类疾病，以免使病原体产生抗药性，从而导致药效减退甚至无效。

② 应该注意药物的可靠性和安全性，有些药物在生物体内的富集作用很强，如激素、抗生素、硝酸亚汞、福尔马林等，使用这类药物将直接影响鱼产品的质量和人体的健康，应特别加以注意。

③ 选择药物还要注意养殖种类对药物的适应性，如敌百虫常用于鲢、鳙、草和鲤等鱼类，而不能用于加州鲈和雅罗鱼。另外，不同鱼类的不同

生长阶段对同一药物的反应亦不相同，如草和鲢等鱼类对硫酸铜较敏感，浓度超 1 毫克/升可致死，而淡水鲳在其浓度达到 5 毫克/升时仍无异常反应；草和鲢等的鱼苗对硫酸铜和漂白粉的敏感性比成鱼大，鱼苗消毒时要慎用。

4. 联合用药与合理配伍

联合用药是两种或两种以上的药物在同一时间内使用，这时总有一两种药物的作用受到影响，其产生的协同作用可增强药效，而拮抗作用则降低药效，有的还会产生毒性，对鱼体造成危害。因此在联合用药时，要利用药物间的协同作用，避免配伍禁忌。

（1）抗菌素类药物之间联合用药与合理配伍。

抗菌素类药物依其作用性质可分为两类：第一类为杀菌抗生素，包括青霉素系列、先锋霉素、氨基甙类、杆菌肽以及多粘霉素等；第二类为抑菌抗生素，包括氯霉素、四环素、红霉素、土霉素以及磺胺等。第一类抗菌素之间合用时，杀菌作用有增强或相加的作用。第二类抗菌素之间合用时，抑菌作用可相加，但不会出现增强的杀菌效果。第一类与第二类抗菌素合用，则可产生拮抗作用。

（2）常用药物之间联合用药注意事项。

使用多种药物综合防治疾病时，一定要注意它们之间的拮抗性和协同性，应根据具体情况，确定药物的使用方法和增减它们的剂量。

① 磺胺类与甲氧苄氨嘧啶（TMP）、新洁尔来与高锰酸钾、双氧水与

冰醋酸、大黄与氨水等可产生协同作用，增加药效。

② 四环素类与抗酸药物中的铝、镁、钙、铁等金属离子可形成螯合物而使肠道难以吸收，从而降低抗生素的作用，应特别加以注意。

③ 生石灰不仅与硫酸铜、漂白粉和富氯有拮抗作用，而且也受水中的磷或铵氮的影响，同样，磷或铵氮也会与生石灰产生反应而降低肥效，因此在生产中使用时，应前后错开 5～7 天。而生石灰与敌百虫相遇时，则会起到药物的协同性，能使部分敌百虫变成毒性更强的敌敌畏。

④ 硫酸铜与硫酸亚铁合剂可以利用药物间的协同性，更好地发挥药效，但硫酸铜在碱性水质或与食盐相遇时，就会产生药物之间的拮抗性，从而影响药效。

第三节　东北雅罗鱼常见病防治

坚持"全面预防，积极治疗"的方针，强调"防重于治，防治结合"的原则，渔药的使用必须严格按照国务院、农村农业部有关规定，严禁使用未取得生产许可证、批准文号、产品执行标准的渔药。虽然目前东北雅罗鱼池塘养殖的病害较少，但在苗种培育及成鱼养殖过程中常因池塘环境而发生一些病害，如细菌性烂鳃病、赤皮病，车轮虫、指环虫、锚头藻等寄生虫病等。东北雅罗鱼比其他鱼类如鲤和鲫等对某些药物更为敏感，人工养殖条件下常见鱼病防治方法如下。

1. 鱼苗阶段常见病害防治

鱼苗阶段除了改善养殖水体环境、及时拉网锻炼、提高鱼体抗应激外，还应切实做好鱼病防治工作。

（1）鱼苗期池塘水质过肥，应当防止气泡病的发生，预防措施可采取氯化钠全池泼洒，保证水体浓度为 3 克/立方米。

（2）夏花阶段，正好是盛雨时期鱼病流行季节，主要有白头白嘴病、车轮虫及大型枝角类等病害。培育期内每 5 ~ 7 天，每亩水深 1 米用生石灰 25 ~ 30 千克化水全池泼洒，澄清水质，预防鱼病。当发生白头白嘴病时，可用漂白粉 1 克/立方米或强氯精 0.3 克/立方米兑水全池泼洒。当发生车轮虫病时，每亩水深 1 米用苦楝树叶 35 千克加适量生石灰煮沸后兑水全池泼洒。施药后要加注新水，并及时掌握池鱼的各种状况。

（3）鱼苗阶段常见的虫害还有水蜈蚣、红娘华、水斧虫和蜻蜓幼虫等，水蜈蚣是危害最严重的虫害，可用灯光诱杀的方法杀灭。

2. 鱼种与成鱼阶段常见病害防治

（1）水霉菌。

这种疾病多发生在春末夏初。鱼种下塘后，由于捕捞和运输等造成的鱼体碰伤而感染水霉病，病鱼急燥不安，运动异常，皮肤黏液增多，食欲减少，最后衰竭而死。控制方法：每亩 1 米水深用五倍子 1.5 ~ 2.5 千克，磨碎煮汁，带渣全池泼洒。

（2）肠炎病。

患这种疾病的病鱼体色发黑，腹腔由于积水而明显膨大，肠壁充血发炎，呈紫红色，轻压腹部有黄色黏液流出。防治方法：每 50 千克鱼每日用大蒜头 250 克、食盐 100 克捣碎拌料投喂，连续 5 天即可。

（3）细菌性烂鳃。

复合碘属消毒防腐剂，用于治疗各种水产动物因细菌、病毒和衣原体等引起的疾病，如对雅罗鱼的细菌性烂鳃、赤皮病和竖鳞病等有较好的疗效。防治方法：用水稀释后全池遍洒，一次量为每平方米水体用 0.1 毫升。治疗：隔日 1 次，连用 2～3 次。预防：疾病高发季节，每隔 7 日 1 次。不得与强碱或还原剂混合使用。

（4）车轮虫病。

使用硫酸铜及硫酸亚铁合剂（硫酸铜与硫酸亚铁按 5：2 配制），防治方法：全池泼洒的用药浓度为春季和秋季 0.7 毫克/升，夏季 0.5～0.6 毫克/升。

第六章　北方池塘越冬管理技术

我国北方地区冬季气候寒冷，封冰期长达 100 天以上，保证鱼类安全越冬是北方地区水产养殖中的重要环节。因此，做好鱼类越冬管理，对提高越冬鱼类的成活率，确保渔业生产经济效益十分重要。

第一节　封冰前的准备工作

一、加强秋季饲养管理

秋季水温下降后，对东北雅罗鱼要精养细喂，通常从立秋到停食前应增加投喂含脂肪及糖类较高的饲料。目的是增加东北雅罗鱼脂肪的积累，提高肥满度，为越冬积蓄充足能量。

二、适时并塘及对鱼体消毒，控制越冬密度

1. 池塘条件

越冬池塘水深保持在 2～3 米，冰下不冻层保持在 1 米以上，池底平坦，注水方便，淤泥为 15～20 厘米。

2. 并塘时间与注意事项

（1）并塘时间不宜过早，过早水温高，鱼类活动激烈，拉网操作时容易受伤，一般在水温降到10℃左右时进行并塘。

（2）并塘过程中要细心操作，避免鱼体受伤、掉鳞，同时对进入越冬池塘的鱼类进行消毒处理，用5%的食盐水浸泡，通常利用并塘运输时进行，控制浸洗时间，尽量少伤鱼体。

（3）采用原塘越冬，即在原养殖池中越冬，封冰前应做好池塘的水质调节，为鱼类安全越冬创造条件。

3. 越冬密度

越冬密度应根据越冬池塘的条件、鱼的规格及管理水平等综合考虑，通常以冰下有效水体计算，一般不宜超过3千克/立方米。

三、水质调节

1. 原塘越冬水消毒

原塘越冬不宜全部使用老塘水，应先排出老水的1/2～1/3后，进行消毒。

（1）漂白粉消毒：用量$1 \times 10^{-6} \sim 1.5 \times 10^{-6}$，兑水后全池泼洒。

（2）3～5天后再用生石灰改进水质；用量为35～40千克/亩，化成灰浆，全池泼洒。

2. 注水

（1）越冬水不能全用井水，留有原池 1/3 的养殖肥水，水体消毒后再注井水，在封冰前可分几次注水，一次注水不能超过 50 厘米，3～4 天注水 1 次，封冰前注满，使越冬池塘水深达 2.5～3 米。如果池水肥度较大，pH 值低，可亩施 35 千克生石灰，化水泼洒调节（水深要 1 米以上），使水色淡绿，透明度为 30～35 厘米，pH 值为 7～8。

（2）越冬池周围池塘也要注满水，避免越冬池往周边池内渗水，周围池塘贮存的水还可以作为越冬期间的补给水源。

四、测氧仪器、试剂的准备

根据研究测定，当水中含氧量在 5 毫克/升以上时，东北雅罗鱼能够正常生活，当水中含氧量在 3 毫克/升以下时，就会出现死鱼现象。因此，根据越冬池塘溶解氧的变化规律，越冬池塘要定期测定溶解氧。

生产中通常采用碘量法进行测氧，因此要预先准备好测氧用试剂及相关仪器。

第二节　封冰期的管理

一、池塘管理

1. 乌冰的处理

在北方池塘开始封冰时经常遇到先下雨后下雪的天气，使池塘水面形成乌冰，乌冰就是鱼池表面形成的一层雪水混合物冻成的冰。乌冰严重影响阳光的进入，降低了水中浮游植物的光合作用，使水中溶解氧出现严重不足。一旦不及时清除，很容易造成鱼类因乌冰而出现缺氧窒息死亡。遇到这种情况，可采取用船将冰压碎的方式清除或选择用大功率水泵进行池塘内循环水，也可利用叶轮增氧机将冰面冲开，形成一定范围的明冰区。

2. 及时扫雪

越冬期遇到下雪天气时，要坚持及时扫雪，扫雪面积越大越好。如不能全部清扫，可扫成雪趟，扫雪面积应超过池塘的 60% 以上，使冰面保持清洁透明，让冰下有足够的光照，确保光合作用的充分进行。有条件的最好配备小型扫雪机。

二、水质管理

1. 适时补水

补水是鱼类安全越冬的一项极为重要的措施，特别是越冬中后期，如果不及时补水，可能会因渗漏而导致越冬水体变小，造成死鱼事故的发生。

（1）补水多少要由缺水程度而定，对不缺水的池塘，在中后期也要加注一些新水，对于渗漏较严重的越冬池，由于水位下降，池塘越冬鱼类的密度相对增大，造成水中鱼类缺氧，要及时往池塘内补水，补水时应该注意观察，以补到冰、水相连，保持原来正常水位为止，越冬池要长期保持水深在 2 米以上。

（2）补水时，操作要小心，防止把水加到冰面上结成乌冰，影响水中浮游植物进行光合作用，导致冰下水中溶解氧含量降低。

2. 溶解氧监测

对越冬池塘冰下溶解氧的监测是确保鱼类安全越冬的重要手段，因此，要随时掌握冰下溶解氧的变化情况，应坚持每4～5天测定1次，冬至到元旦、春节前后每3天测定1次，及时发现缺氧并采取措施。当越冬池塘溶氧量低于5毫克/升时就应该采取增氧措施，不要等到看到冰面有鱼上浮才开始采取措施。

3. 控制浮游动物数量

越冬池中后期常出现大量浮游动物，从而消耗氧气，浮游动物大量繁殖也会抑制浮游植物的生长。越冬过程中对于轮虫以及枝角类、桡足类较多，导致水中浮游植物较少，引起池塘水质较瘦的，可采取用100～200目过滤网进行原池过滤，也可用水泵抽滤浮游动物，然后从附近远高于该池塘水中的溶解氧含量的池塘引水进行交换。交换时，高氧池塘的水进入越冬池塘的水量与原池水外排水量要同步，保持冰下水位平衡稳定。因东北雅罗鱼对敌百虫敏感，切不可用敌百虫驱杀。

4. 施肥

浮游植物是池塘生态系统中的主要初级生产者，是生物增氧的主力军，因此，越冬期间，当水中的溶解氧含量不足，可根据池塘面积大小以及水深，采用冰下挂肥料袋的形式施肥，通常按1.5毫克/升有效氮和0.2毫克/升有效磷，将氮肥和磷肥装袋后分别挂在冰下。当水中浮游生物逐渐大量繁殖，越冬池塘溶解氧含量达到 15 毫克/升以上时，可根据池塘面积大小适当留取肥料袋，保持鱼池越冬后期水中适量的肥源，保证水中适量的溶解氧含量，确保水产品安全越冬。

参考文献

解玉浩，李文宽，解涵.2007. 东北地区淡水鱼类[M]. 沈阳：辽宁科学技术出版社：37-48.

周瑞琼，徐忠法，张岩，等.2008. 水产养殖术语. 中华人民共和国国家标准.

戈贤平，赵永峰，刘兴国，等.2011. 大宗淡水鱼安全生产技术指南[M]. 北京：中国农业出版社.

水柏年，赵胜龙，韩志强，等.2019. 系统鱼类学[M]. 北京：海洋出版社.

赵文，李华.2009. 水产养殖基础[M]. 沈阳：东北大学出版社.

张喜贵，陈凤辉，李茂云. 2007. 东北雅罗鱼池塘养殖高产技术[J]. 黑龙江水产，（4）：17-22.

孙贵江，邢昱峰，李瑞艳. 2007. 东北雅罗鱼高效驯化养殖的技术总结[J]. 黑龙江水产，（2）：13-21.

张喜贵，李茂云. 2007. 东北雅罗鱼主要生物学特性及其池塘养殖技术[J]. 中国水产，（8）：42-44.

闫浩，苏宝锋，常玉梅，等.2016. 东北养殖滩头雅罗鱼性腺发育的组织学观察//中国水产学会学术年会论文.

2009. 水产养殖新品种——雅罗鱼[J]. 科学种养（5）：49.

胡宗云，杨培民，金广海，等. 2020. 瓦氏雅罗鱼人工繁殖与苗种网箱培育试验[J]. 水产养殖，（12）：42-44.

夏长革，杨杰，孙志航，等. 2020. 瓦氏雅罗鱼鱼种淡水池塘养殖实验[J]. 吉林水利，（12）：29-32.

李大刚. 2004. 养殖雅罗鱼. 中国渔业报，（005）.

杨培民，金广胜. 2020. 高体雅罗鱼繁殖力及规模化繁殖技术[J]. 河北渔业，（11）：34-36.

龙敏. 2018. 高体雅罗鱼人工繁殖及苗种培育技术[J]. 渔业致富指南，（10）：46-47.

王业宁，李胜忠，张瑞，等. 新疆地区3种雅罗鱼的繁殖力比较[J]. 南方农业学报，51（1）：224-229.

金万昆，高永平，杨建新，等. 2009. 圆腹雅罗鱼的人工繁殖试验[J]. 齐鲁渔业，（4）：23-24.

黄孝湘，陈金安，杨明生，等. 2006. 勃氏雅罗鱼淡水养殖技术的研究[J]. 孝感学院学报，（6）：51-53.

柳宗元. 2006. 勃氏雅罗鱼的人工繁殖技术[J]. 渔业致富指南，（11）：37.

郭贵良，李林. 2017. 淡水养殖新品种勃氏雅罗鱼的养殖技术[J]. 农村百事通，（6）：38-40.

郑延平. 2003. 市场看好的品种勃氏雅罗鱼[J]. 畜牧兽医科技信息，（7）：60.

尹家胜，沈俊宝，王维坤. 滩头雅罗鱼繁殖策略的遗传进化特征[J]. 云南大学学报，21期，223-224.

金永焕，郑伟. 2003. 图们江勃氏雅罗鱼人工繁殖试验[J]. 淡水养殖，（11）：44.

郭贵良，郑伟，李林文. 2016. 一种值得大力推广的淡水养殖新品种勃氏雅罗鱼[J]. 科学种养，（12）：53-54.

张立民，苏宝锋，常玉梅，等. 2016. 四种常用渔药对雅罗鱼杂交幼鱼的急性毒性[J]. 水产学杂志，（6）：48-51.

孔令杰，张旭斌，杨秀. 2020. 北方名优水产品养殖技术[M]. 北京：海洋出版社.

金广海，骆小年. 2017. 北方土著鱼类高效健康养殖技术[M]. 北京：海洋出版社.

中华人民共和国农业部.2013. 兽用处方药和非处方药管理办法.

汪建国，王玉堂，战文斌，等. 2012. 鱼病防治用药指南[M]. 北京：中国农业出版社.

陈昌福，陈萱.2017. 淡水养殖鱼类疾病与预防手册[M]. 北京：海洋出版社.

中华人民共和国农业部公告 第 1997 号，2013. 兽用处方药品种目录（第一批）.

中华人民共和国农业部公告 第 2471 号，2018. 兽用处方药品种目录（第二批）.